完美
宴客菜

吉科食尚编委会◎主编

U0389492

吉林科学技术出版社

吉科食尚编委会　Author

刘国栋：中国饮食文化国宝级大师，著名国际烹饪大师，商务部授予中华名厨（荣誉奖）称号，全国劳动模范，全国五一劳动奖章获得者，中国餐饮文化大师，世界烹饪大师，国家级餐饮业评委，中国烹饪协会理事。

张明亮：从事餐饮行业40多年，国家第一批特级厨师，中国烹饪大师，国家高级公共营养师，全国餐饮业国家级评委。原全聚德饭庄厨师长、行政总厨，在全国首次烹饪技术考核评定中被评为第一批特级厨师。

李铁钢：《天天饮食》《食全食美》《我家厨房》《厨类拔萃》等电视栏目主持人、嘉宾及烹饪顾问，国际烹饪名师，中国烹饪大师，高级烹饪技师，法国厨皇蓝带勋章获得者，法国美食协会美食博士勋章获得者，远东区最高荣誉主席，世界御厨协会御厨骑士勋章获得者。

张奔腾：中国烹饪大师，饭店与餐饮业国家一级评委，中国管理科学研究院特约高级研究员，辽宁饭店协会副会长，国家高级营养师，中国餐饮文化大师，曾参与和主编饮食类图书近200部，被誉为"中华儒厨"。

韩密和：中国餐饮国家级评委，中国烹饪大师，亚洲蓝带餐饮管理专家，远东大中华区荣誉主席，被授予法国蓝带最高骑士荣誉勋章，现任吉林省饭店餐饮烹饪协会副会长，吉林省厨师厨艺联谊专业委员会会长。

高玉才：享受国务院特殊津贴，国家高级烹调技师，国家公共营养技师，中国烹饪大师，餐饮业国家级考评员，国家职业技能裁判员，吉林省名厨专业委员会会长，吉林省药膳专业委员会会长。

马长海：国务院国资委商业技能认证专家，国家职业技能竞赛裁判员，中国烹饪大师，餐饮业国家级评委，国际酒店烹饪艺术协会秘书长，国家高级营养师，全国职业教育杰出人物。

图片摄影：王大龙　杨跃祥

食物的价值在于淳朴和回归自然，而烹饪的魅力在于"以心入味，以手化食，以食悦人，以人悦己"。做饭、吃饭本是我们生活中最平常的事情，面对一日三餐，我们经常遇到的一个问题就是"今天吃什么"。

不可否认，快节奏的生活已经使我们逐渐远离了厨房，成为小餐馆、快餐店的常客。吃一顿或母亲、或妻子、或朋友、或自己做的家常饭菜，几乎成为一种奢望。紧张繁忙的工作让我们很难抽出时间用于提高厨艺，再联想到食材的购买、菜品的制作、锅碗瓢盆的清洗……这也难怪很多人为了吃一顿饭而犹豫不决了。

有没有一种既简单又经济的方法，可以让我们在工作之余享受到合胃适口的菜品呢？当我们走进了自己厨房的小天地，无论是假日料理一顿大餐，还是下班后烹制一两道小菜，自己动手做出来的饭菜终归比在饭馆里吃得舒心。

本着便捷、实用、好学、家常的宗旨，我们为您编写了《吉科食尚》系列图书。其中既有按食材属性制作家常风味美食的《真味家常菜》，又有按照季节和营养分类的《极品大众菜》，还有选料讲究、制作精细、味道独特的《品味私房菜》和招待亲朋好友小聚的《完美宴客菜》。本系列图书所介绍的每款菜肴，不仅取材容易、制作简便、营养合理，而且图文精美。对于一些重点菜肴的制作关键，还配以多幅彩图加以分步详解，可以使您抓住重点，快速掌握。

厨房虽然是一个充满烟火气的地方，但也是家的一部分。自己做饭的人不正是喜欢这种"家"的感觉吗？舀一勺精心烹制的饭菜放入口中，闭上眼睛感受浓郁的鲜香在味蕾中蔓延，幸福也在心中开花。在此，愿《吉科食尚》系列图书能使您从中享受到家的温馨、醇美和幸福。

吉科食尚编委会

完美宴客菜

Part 1 两菜一汤一主食

Part 2 四菜一汤一主食

目录 CONTENTS

Part 3 六菜一汤一主食

Part 4 八菜一汤一主食

目录 CONTENTS

Part 5 十菜一汤一主食

蔬菜食用菌

原料目录

畜肉

禽蛋豆制品

水产品

米面杂粮

点滴宴客菜

Diandi Yankecai

宴客又称家宴，是指限于家庭范围、规模较小、有相对比较丰富菜肴的聚会。与日常饮食或一般性请客吃饭不同，家宴在于它的社交性、聚餐式和规格化。宴客菜因为不具有营业性质，因此可以办得灵活机动些。在家庭环境中，亲朋好友相聚更多的是感情上的交流。家宴办得随意些，气氛会显得更加融洽。

我国自古就有宴客的传统。在宴请客人时，无论是在菜单的选择，营养的搭配，品种的多样等方面，都有很多讲究的地方。家宴办得好，不仅客人高兴，主人也有面子。

♥ 宴客菜上菜程序 ♥

按人们的饮食习惯，宴客菜一般的上菜程序为：第一组为冷荤，第二组为热炒，第三组大件，第四组继续上热炒，随后上甜品，最后将主食与汤菜等一起上桌。当然宴客菜上菜的程序会因人、因事、因时而定。其基本原则是既不可千篇一律，又要按照相对稳定的上菜程序进行。

此外上菜程序要按照先冷后热、先菜后点、先咸后甜、先炒后烧、先清淡后肥厚、先优质后一般的原则上菜。因为炒菜时咸的先上，因其味咸鲜突出，能开胃、引人食

欲；如现吃淡味或甜味的菜肴，容易倒胃口。对于大虾、螃蟹等鲜味突出的菜肴，应放在炒菜的第三上较宜，因如先吃了这类菜肴后再吃别的菜，就觉得没有味道了。油炸菜肴可安排在中间或上大菜之前，先吃了容易使人肚饱。肉食菜肴先上，后吃清鲜的蔬菜菜肴，可清口解腻。汤菜放在最后，既能下饭，又能醒酒解腻。此外席位安排的一般原则是主宾在上首，主人在下首（上菜口处），两侧为陪客。

宴客菜组成

家庭宴客菜虽不像高档筵席比较烦琐，但其基本组成也有规律可循，其一般由冷荤、热炒、大件、甜品、汤菜和主食六部分组成，当然家庭可以根据宴请的人数、季节、规格等方面的不同而灵活运用。

冷荤

冷荤习惯上称为冷盘、冷菜等，是宴客菜中的开场菜，也是宴客菜的前奏曲。冷荤菜的滋味比较稳定，不受时间、温度的限制，即使搁置稍久，口味也不会受到影响和改变。另外冷荤可以提前制作，不受时间所限，能缓和烹调热菜时的紧张现象。

热炒

热炒又称行件，一般要求采用炒、爆、熘、炸、烩等方法加工制作而成，热炒菜肴多为"抢火菜"，要求现制现食，快速上桌。热炒菜肴以色香味美，鲜香爽口，量少精巧为佳，以达到热炒菜的口味和外形多样化的要求。

大件

宴客菜中的大件亦称大菜、头菜等，是宴客菜中配备的主要菜肴，大件菜也代表整个宴客菜的级别。

大件菜在选料上多以山珍海味以及整只、整条、整块的鸡、鸭、鱼类等。大件菜肴烹调讲究，多采用烧、焖、炖、煮等方法，成品质地酥烂，口味鲜香，风味独特。

汤菜

汤菜是菜肴的一个重要组成部分，在我国各地菜肴中占有非常重要的地位。汤菜既可作为正餐食用，又可用于佐餐，是极富营养、最易消化的一种菜肴形式。汤煲菜肴具有制作简便、加减灵活、适应面广、易于消化吸收的特点。

汤菜是宴客菜中的重要内容之一，也

可以说无汤不成席，如果宴客菜没有一道清淡味美的汤羹菜，那么再丰盛的宴客菜也会大为逊色。宴客菜中的汤菜一般作为最后一道菜品上席，能起到润喉爽口，解腻除燥，醒酒下饭，促进消化等作用。

甜品

甜品是采用蜜汁、煸炒、蒸酿、拔丝、炖煨等多种方法烹调而成，一般趁热上桌，夏季也可以供冷食。

甜品在宴客菜中大多占的比重较少，一般为一道或两道菜品，原料多选用果蔬和菌藻。

主食

主食在高规格的宴客菜中又被统称为点心，其有多个品种，如糕、粉、饼、饺、面、饭、粥等。家庭宴客菜中的主食一般为2道左右，安排上需要注意咸甜、干湿的适当搭配，以丰富宴客菜的内容，又能起到饭菜同食的作用。

宴客菜安排原则

请客人吃什么？这是请客的主人最为头疼的事情。安排好宴客菜，不是几个菜的简单拼凑，必须要抱着严谨的态度。如果你还拿不定主意，请客人吃什么，那么，看看下面关于宴客菜的安排原则，至少可以帮助你做到心里有数。

因需安排菜品

家宴往往都是为了喜庆、祝贺、迎宾、聚会等多种需要而举办的，这是人们生活中美好的时刻，而根据宴客菜不同的需要，确定菜品的内容和形式，并安排相宜的菜品，是每个家庭主人需要了解和掌握的。

因价安排菜品

宴客菜还需要根据个人的消费能力，合理地安排菜品，并不是一桌菜肴越贵，越能体现出档次。家庭在选用高档原料时要细菜精做，而对于一些普通的原料，也要做到粗菜细做。但高档原料的菜品不宜过多，要体现精而细的效果。而对于消费比较低的宴客菜，其菜品的数量不宜过少，要实惠和丰满一些，体现出丰满大方的特点。

因人安排菜品

你要根据客人的饮食习惯和他每次所请客人的胃口，开列出适合于他们口味的菜单。菜品是量足丰盛还是少而精，是偏甜还是偏咸，是海鲜为主还是野味为主，是愿吃淮扬本帮菜还是四川风味菜。总之要根据不同客人的不同需求，安排好适合客人口味的各式菜品。

因时安排菜品

宴客菜还要根据季节变化安排菜品，其主要包括两个方面，一是选料讲究季节性；二是菜肴口味、色彩、盛器等要适合季节。如夏冬两季的菜肴就必须有所区别，夏季清淡爽脆，色彩淡雅。而冬季口味要浓厚，色泽要深，盛器当用保温性能好的火锅、煲、砂锅之类的器皿。

❤ 宴客菜单巧设计 ❤

宴客菜虽然不同于饭店酒楼的宴客菜，但也是经过精选而组合起来的整体，为了使整桌菜点在数量、质量、色泽、口味调配、烹调方法、刀工以至上菜顺序协调统一，精心设计宴客菜单是十分必要的。有了菜单您就可计算出需要购买的烹调原料，还可以合理安排各项工作的轻重缓急，做到有条不紊。特别是大多数家宴的操作者，并不是熟练的厨师，很难单凭记忆，把整桌酒席的菜点组合和工作衔接处理得井井有条，所以就更需要事先设计一张菜单。

宴客菜单的设计，除了我们上面介绍的宴客菜的安排原则外，还需要注意以下几点。

注意现烹现食

除了冷菜、全鸡、全鸭等短时不易烹熟的菜肴要事先预制外，一般的热炒菜以现烹现食为佳。因为食物和调味品都含有各种营养成分，经加热后会有不同程度的变化，趁热食用即可保持菜肴的营养成分，其口味也最佳。如菜肴凉后再回锅加热，则色、香、味、形面目全非，风味尽失。

注意口味变化

在设计家宴菜单时，必须了解宾客的口味爱好，如有人喜吃滋味醇厚的鸡鸭、鱼肉；有人却偏爱清淡爽口的蔬菜、菌藻；又如老年人爱柔软易嚼之食，年轻人嗜好香脆硬爽的煎炸菜品。因此在烹制宴客菜时，不论是冷菜或热菜，应尽量不要出现两种或两种以上同一味别或同一原料的宴客菜肴。

合理安排菜品数量

在设计和制作宴客菜时要根据入席人数，合理算出足够的烹调原料，并要同时考虑到自己的经济能力和技术水平，安排适当的菜品数量。如果菜品安排太少，就会怠慢宾客；安排过多则会造成浪费。因此在一般情况下，每人平均食用500克左右的净料为宜。以品种数量而论，一般以3~4人食用5~6道菜，6~7人食用8道菜，而9~10人食用12~14道菜为宜。

掌握人们饮食特点

宴客菜都是出于某种目的而安排的，因此在设计宴客菜品时还需要掌握人们的饮食特点。如逢年过节时，人们进食种类较多，一般要求油腻少、质量高、平时不易吃到的新品种，所以在配制宴客菜品时需要少安排大鱼大肉等菜品，而新鲜的特色蔬菜和菌藻等是不错的选择。

合理安排烹调方法

家宴一般应兼顾炸、熘、爆、炒和焖烧、蒸煮等多种烹调方法，要尽可能安排冷菜、热炒、汤羹，还可配以中西点心等。此外根据不同季节，选用相应的烹调方法，如冬天多采用红烧、焖煨、砂锅、火锅等色重味浓的烹调方法。夏天则宜用清蒸、烩和白汁等色浅味淡的烹调方法。

♥ 宴客菜之营养 ♥

　　各种食物经过消化、吸收，不断供给人体必需的物质，以保证机体的正常生长发育、供给能量、维持健康和弥补损失等，这些作用的总和称为营养。在各种食物里所含的能够供给人体营养的有效成分，叫作营养素。现代医学研究表明，人身体所需的营养素不下百种，经细分之后，可概括为七大营养素，分别为蛋白质、脂肪、碳水化合物、膳食纤维、水、维生素和矿物质。

蛋白质

　　蛋白质是人体的必需营养素，具有构成和修复组织、调节生理功能、担当代谢物质和营养素的载体以及提供能量等功效。

脂肪

　　脂肪是人体必需营养素之一，它与蛋白质、碳水化合物是产能的三大营养素，为构成人体细胞和组织的重要组成部分，是一种富含热能的营养素。

碳水化合物

　　是自然界最为丰富的有机化合物，是绿色植物经过光合作用的产物。其主要以各种不同的淀粉、糖和纤维素的形式存在于谷物、蔬菜和水果中，在动物性食物中含量很少。碳水化合物是人体热能的主要来源，并且是构成各种组织的重要成分，碳水化合物和蛋白质生成的糖蛋白是构成软骨组织、骨骼和眼球角膜的组成部分，此外人体的神经组织、结缔组织、肝等几乎都是以碳水化合物为主要成分。

维生素

　　是维持人体正常生命活动所必需的一类有机化合物，但不是构成各种组织的主要原料，也不是人体内能量的来源，其主要作用是调节人体的物质代谢。人体对各种维生素的需求量虽然不多，每天仅为若干毫克或微克，但由于多数维生素在体内不能自行合成，或虽有少数能在体内由其他物质转化生成，但仍然不能满足人体需要，故必须从食物中摄取，否则会导致新陈代谢某些环节的障碍，影响生理功能。

膳食纤维

　　是一种特殊的营养素，其本质是碳水化合物中不能被人体消化酶所分解的多糖类物质。以前人们认为膳食纤维对人体不具有营养作用，甚至吃多了还会影响人体对食物中营养素的吸收，对身体不利，一直未被重视。此后通过一系列的调查研究，特别是近来人们发现，并认识到那些不能被人体消化吸收的"非营养"物质，却与人体健康密切有关，而且在预防人体某些疾病方面起着重要作用。

矿物质

　　是无机化合物中盐类的总称，是人体的重要组成部分之一。无机盐在人体内的需要量虽然不像蛋白质、脂肪和碳水化合物那样多，却是人体正常生理功能不可缺少的重要物质。成年人体内的无机盐约占体重的5%左右。矿物质的主要功能有以下几个方面：构成人体骨骼和牙齿的主要成分；调节人体生理机能；构成软组织的重要成分；参与免疫机能的形成；保护人体细胞不发生癌变；延缓机体衰老过程等。

宴客菜营养搭配

随着人们对健康的关注，食物的营养高低越来越受重视，但大部分人关心的往往是某种单一的食物有什么营养，而对于各种营养素的搭配知之甚少。从现代营养科学观点看，两种或两种以上的食物，如果搭配合理会起到营养互补、相辅相成的作用，发挥其对人体保健的最大效果。

蛋白质＋铁＝形成铁蛋白

动物蛋白质在吸收利用率方面，都优于植物蛋白质；如果将植物蛋白质与动物蛋白质混合食用，可以达到蛋白质互补的功效。其中比较常见的搭配菜式有豆类搭配畜肉、绿色蔬菜搭配海鲜等。

蛋白质＋铁＝形成铁蛋白

铁可以参加体内血红蛋白、肌红蛋白等的合成，并与多种重要酶的生物活性有关，铁与蛋白质在能量代谢方面存在着协同作用；铁的吸收与运转过程也离不开蛋白质。用富含铁的食物搭配高蛋白食物，是比较不错的选择。

赖氨酸＋蛋氨酸＝提高蛋白质的营养价值

有些主食含有丰富的赖氨酸，而蛋氨酸含量不足，如大豆等，而小麦类原料含有丰富的蛋氨酸，而赖氨酸含量较少，如果将两者搭配食用，可以有效地提高蛋白质的营养价值。

脂肪＋蛋白质＝有益于消化蛋白质

含有适量脂肪的蛋白质对于胃的消化是有好处的，因为它可以使胃的消化进程慢一些，留较多时间来消化蛋白质。用含有丰富油脂的原料，如花生、鸭皮、松子、核桃、杏仁等搭配水产品等富含蛋白质食物，有益于肌体消化蛋白质。

脂肪＋维生素A＝帮助吸收维生素A

维生素A和β–胡萝卜素都要在脂肪的帮助下才能吸收。在摄取维生素A时增加一些油脂，可以很好地帮助人体对维生素A的吸收，可也以促进β–胡萝卜素的吸收效果。

碳水化合物＋碘＝有益于碳水化合物代谢

碘是甲状腺素的组成成分，而甲状腺素是调节人体能量代谢的重要激素，对蛋白质、脂肪和碳水化合物的代谢有促进作用。如果钾缺乏时，碳水化合物、蛋白质的代谢将受到影响。在摄取碘，如海带、紫菜时，增加碳水化合物食物的摄取，可以帮助碳水化合物的代谢。

维生素A＋维生素C＝防止维生素C被氧化

维生素C很容易被氧化，而维生素A能够与维生素C互补，在食用富含维生素C的食物时，如新鲜蔬菜搭配富含维生素A的食物，如动物肝脏、蛋黄等，可以防止维生素C被氧化。

维生素A＋维生素D＝强化维生素A的活性

维生素A搭配维生素D，可以有效地强化维生素A的活性，并且可以将维生素A运送至身体各个部位，强化维生素A的功效，比较典型的搭配有猪肝搭配蘑菇、胡萝卜搭配牛肉等。

♥ 宴客菜制作要点 ♥

宴客菜的制作，看似简单，可真要做到色、香、味、形俱佳，既能增加营养，促进食欲，又能交流感情，加深了解，除了具有比较熟练的操作技能外，还需要掌握如下的制作要点。

选好原料

宴客菜的选料可分为主料选择和配料选择。主料宜选新鲜、细嫩、无筋络、去皮、去壳的动物性原料，对于植物性原料，应选择新鲜、脆嫩的一些蔬菜和菌类。配料应对整道宴客菜的色泽和口味有良好的辅助作用，因此选料时应选那些新鲜、脆嫩、色泽鲜艳的原料。

搭配合理

原料的搭配是制作宴客菜的重要工序，其搭配合理，可以决定菜肴的质和量，确定菜肴的色、形、味，确定菜肴的营养价值以及决定菜肴的档次。原料搭配需要注意辅料要服从主料，辅料主要起衬托作用，主辅料要有主次之分，不要喧宾夺主。

把握火候

由于原料的质地老嫩、软硬，形状大小、厚薄等之分，要求的口味也各有差异，而采用最佳的火力和加热时间，需要把握好火候。

一般来说，火候大体上可分为大火、中火、小火、微火等，大火多用于质嫩、形小的原料及素菜的快速烹调，主要适宜用炒、爆、烹、炸、蒸等烹调方法。中火用途最为广泛，多用于一些形体略大的原料和制汤，适宜用烧、煮、蒸、烩、扒等烹调方法。小火适用于质老或形大，且较长时间加热的原料，菜肴一般先用大火烧沸后再转用小火烧至入味或煮至熟，适宜用煎、贴、燔、塌等烹调方法。微火是一种最小的火力，其看不到火焰，色呈暗红，供热微弱，适用于某些特殊烹调方法，如煨、炖等，或者菜肴的保温。

调味适当

调味就是调和滋味，即运用各种调味品和调味手段，在原料加热前、加热中、加热后放入调味料，使菜肴具有多样口味和各种风味特色。调味是烹调技术中最为重要的一个环节，调味的好坏，对菜肴口味的好坏，起着决定性作用。调味的方法又可分为烹调前调味、烹调中调味和烹调后调味三种。

熟练装盘

装盘可分为冷菜装盘，热菜装盘和汤菜装盘三种，它是整个宴客菜制作的最后一个步骤，也是烹调基本功之一。装盘的好坏，对菜肴的清洁卫生和形态美观等都有很大的关系。因为装盘后，菜肴不再进行加热消毒，所以必须严格注意清洁；盛装菜肴需要手法熟练，做到形态美观、色泽分明、完整均匀等。

宴客菜与季节

配制宴客菜时，必须根据季节的变化来调整菜肴的内容，使菜肴品种能与季节相适应。外界气温的改变，在一定程度上可以影响人体的热量消耗和对食物的消化吸收，以及人们的饮食心理状态，故在烹制家宴时，要考虑季节的变化。

春季

春季宴客菜的安排要求营养平衡，春季强调蛋白质、碳水化合物、维生素和矿物质保持相对比例，防止饮食过量、暴饮暴食。

春季人们吃的蔬菜、水果相对减少，但蔬菜、水果含有比较丰富的维生素，在安排宴客菜时，要多增加蔬菜和水果的摄取。

宴客菜品要以清淡为主，在动物食品上，应少吃肥肉等高脂肪食品。

夏季

夏季人体营养素消耗大，代谢机能旺盛，体内蛋白质分解加快，常处于蛋白质缺乏状态，所以宴客菜中要增加富含优质蛋白质的食品，如鱼类、蛋类、豆制品等。

夏季是蔬菜瓜果旺季，此类食品含有丰富的维生素，容易消化吸收，如冬瓜、黄瓜、丝瓜、苦瓜、番茄、莴笋等，对防暑防病均有一定的作用。此外夏季的膳食要以清淡平和为主，少吃油腻食物。应选择清淡、爽口、易于消化的宴客菜品。

秋季

秋季为增强人体调节机能，适应多变的气候，秋季在宴客菜品的安排上应注意饮食以清润为宜，可多安排些豆腐、莲藕、萝卜、百合、菱角、银耳、核桃、芝麻等有润肺、滋阴、养血作用的菜品。

秋季要少吃辛辣、燥热的食品，如辣椒、葱姜蒜、洋葱等。可增加酸味食品的摄入，如山楂、醋、番茄等，对预防感冒、燥咳有一定作用。

秋季气温趋于凉爽，一般不需要在宴客菜品中进补，对身体衰弱者需要服用补品者，也要选用平补的食品，如百合、银耳、燕窝、山药、莲子、马蹄等。

冬季

为了防御寒冷，冬季宴客菜品上要多安排含蛋白质、脂肪和碳水化合物等热源食品，以提高机体对寒冷的耐受能力。如牛羊肉、鸡肉、狗肉、鱼类和豆制品等。

人怕冷是与饮食中无机盐摄入不足有关，而根茎蔬菜含有丰富的无机盐，故菜品上应多摄入有根茎的蔬菜，如胡萝卜、白菜、山芋、土豆、莲藕等。

维生素可提高人体对寒冷的适应能力，还可防治感冒和辅助治疗高血压、动脉硬化等症，因此宴客菜应多摄取新鲜蔬菜和水果，如白菜、油菜、菠菜、胡萝卜、豆芽以及柑橘、猕猴桃等。

完美宴客菜

Part 1
两菜一汤一主食

腊味萝卜干

2菜 1汤 1主食

· 腊味萝卜干
· 回锅鸭肉
· 浓汤煮鲈鱼
· 薏米红枣粥

GOOD

材料

萝卜干	150克	精盐、鸡精	各1小匙
腊肉	100克	酱油	2小匙
红辣椒、蒜苗段	各少许	料酒	1大匙
蒜片	10克	植物油	2大匙

🥘萝卜干　🍲鲜辣味　⏰20分钟

做法

1. 把萝卜干放入温水中浸软，捞出挤干水分，切成小段；腊肉洗净，切成薄片。

2. 锅置火上，加油烧热，放入腊肉片煸炒片刻，待腊肉的肥肉部分呈透明状，出锅。

3. 原锅复置火上烧热，下入红辣椒、蒜片炒出香味，加入萝卜干翻炒几下。

4. 放入腊肉片、精盐、料酒、酱油、鸡精炒至入味，撒上蒜苗段，出锅装盘即可。

回锅鸭肉

🍗 鸭胸肉 🍵 香辣味 ⏰ 20分钟

材料

鸭胸肉 …………… 300克

竹笋、菜花 …… 各100克

青椒、红椒 …… 各20克

精盐、白糖 … 各1/2小匙

酱油、豆豉 …… 各1大匙

豆瓣酱、料酒 … 各1大匙

水淀粉 …………… 2小匙

植物油 …………… 2大匙

做法

1. 鸭胸肉洗净,用少许精盐、料酒擦匀,放入蒸锅中蒸10分钟,取出,切成大片。

2. 竹笋剥去外壳,洗净,切成大片;菜花、青椒、红椒分别洗净,切成小块。

3. 锅中加植物油烧热,下入豆豉、豆瓣酱炒香,放入竹笋片、菜花、青椒、红椒炒匀。

4. 加上鸭肉片、酱油、白糖炒至入味,用水淀粉勾芡,出锅装盘即成。

鲈鱼山药汤

🐟 鲈鱼 🥣 咸鲜味 ⏰ 30分钟

材料

鲈鱼 ················· 500克

山药 ················· 150克

枸杞子 ··············· 5克

葱段、姜片 ········ 各10克

精盐、鸡精 ········ 各2小匙

胡椒粉 ··············· 1/2小匙

白糖 ················· 1小匙

植物油 ··············· 适量

做法

1. 鲈鱼宰杀，洗涤整理干净，取净鲈鱼肉，切成大片；山药去外皮，洗净，切成滚刀块；枸杞子用清水泡好。

2. 净锅置火上，加上植物油烧至六成热，放入葱段、姜片、鲈鱼头、鱼骨炒出香味，添入适量清水，用旺火煮成奶白色，捞出葱姜、鱼骨不用。

3. 加上山药块煮约10分钟，加上鱼肉片、枸杞子煮至熟香，加入精盐、鸡精、胡椒粉、白糖调好汤汁口味，出锅装碗即成。

材料

薏米 ················· 150克　　白糖 ················· 100克

糯米 ················· 75克　　冰糖 ················· 50克

红枣 ················· 50克

薏米红枣粥

薏米 ～ 香甜味 ～ 4小时

养生功效

　　用薏米配以糯米一起熬煮成粥,在我国古代的文献中多有记载,如《广济方》、《食医心鉴》等,为营养丰富的滋补主食,有健脾渗湿、利水消肿的功效。

做法

1. 糯米洗净,放入清水中浸泡2小时;红枣择洗干净,去掉果核,取净果肉。

2. 薏米洗净,放入清水中浸泡1小时,一起倒入净锅内煮沸,用小火煮40分钟。

3. 下入浸泡好的糯米,继续小火煮30分钟,放入红枣果肉,小火煮15分钟。

4. 加入白糖和冰糖,继续煮至米粒开花,离火出锅,盛入大碗中,上桌即成。

贝尖拌双瓜

2菜 1汤 1主食

· 贝尖拌双瓜
· 芝麻牛排
· 菠萝苦瓜鸡
· 担担面

GOOD

材料

海贝尖	200克	蒜蓉	10克
黄瓜	50克	精盐	1小时
苦瓜	30克	米醋	2小匙
姜末	5克	花椒油	少许

海贝肉　咸鲜味　20分钟

做法

1. 海贝尖放入温水中，反复漂洗，去除咸涩味，捞出海贝尖，沥净水分。

2. 苦瓜洗净、去瓤，切成菱形块，放入沸水锅内略焯，捞出、过凉，沥干水分。

3. 将黄瓜洗净、去掉瓜瓤，切成菱形块，用精盐拌匀、略腌，捞出冲净，沥水。

4. 将海贝尖、苦瓜块、黄瓜块、姜末、蒜蓉、精盐、米醋、花椒油拌匀，装盘即成。

芝麻牛排

牛里脊　咸鲜味　20分钟

材料

牛里脊肉 ………… 300克
芝麻 …………… 50克
鸡蛋 …………… 2个
精盐、味精 …… 各1小匙
胡椒粉 ………… 1/2小匙
面粉、花椒盐 … 各适量
料酒 …………… 1大匙
植物油 …750克(约耗75克)

做法

1. 鸡蛋磕入碗中打散，加入少许精盐搅匀成鸡蛋液；牛里脊肉剔去筋膜、洗净，用净布擦干水分，切成12厘米长、8厘米宽、0.5厘米厚的牛排生坯。

2. 用刀背轻轻将生坯两面拍至松散，放入盘中，加入精盐、味精、料酒、胡椒粉调拌均匀，腌渍入味，再拍匀面粉，挂匀鸡蛋液，沾匀芝麻，压实。

3. 锅中加上植物油烧至四成热，逐片下入牛排炸2分钟。将牛排翻面，再炸1分钟至牛排熟透、呈金黄色时。

4. 捞出牛排、沥油，切成2厘米宽的小条，码入盘中，随带花椒盐一起上桌即成。

材 料

净土鸡······半只(约500克)　　姜片·················5克
苦瓜·················150克　　精盐················1小匙
菠萝·················100克　　胡椒粉············1/2小匙
葱段··················10克　　料酒················1大匙

菠萝苦瓜鸡

土鸡 ● 咸香味 ● 45分钟

养生功效

土鸡中含有丰富的蛋白质，配以含有丰富维生素C的菠萝制作成菜，可以使蛋白质与维生素C相结合而生成胶原蛋白，有美白肌肤、消除疲劳的效果。

做 法

1. 把土鸡洗净，剁成大小均匀的块状，下入沸水锅中焯烫一下，捞出、沥水。

2. 将苦瓜剖开、去掉籽，洗净，切成小块；菠萝去皮，用淡盐水浸泡，切成块。

3. 锅置火上，加入清水、放入土鸡块、葱段、姜片、料酒煮沸，转小火煮20分钟。

4. 加入菠萝块、苦瓜块煮至熟香，放入精盐、胡椒粉调好口味，出锅装碗即可。

担担面

🍜 细面条　🥢 香辣味　🕐 20分钟

材料

细面条 ············· 250克

猪肉末 ············· 100克

木耳、香菇 ······ 各少许

口蘑、熟芝麻 ··· 各少许

香葱 ················· 少许

蒜蓉 ················· 15克

精盐、味精、白糖、酱油、料

酒清醋、芝麻酱、植物油、香

油、红油、鸭汤 ······各适量

做法

1. 芝麻酱加入清水、料酒、酱油调至浓稠,再加入白糖、清醋、精盐、味精、香油、红油拌匀成味汁。

2. 木耳、香菇、口蘑分别用温水泡软,切成小粒,放入沸水锅内焯烫一下,捞出;香葱洗净,切成碎粒。

3. 锅中加上清水煮沸,下入面条煮至熟,捞出,装在面碗内;净锅加上植物油烧热,下入猪肉末炒至变色。

4. 加入木耳、香菇、口蘑炒匀,倒入味汁,添入鸭汤烧沸,倒入面条碗中,撒上香葱、熟芝麻、蒜蓉即成。

肉末花生米

2 菜 1 汤 1 主食

· 肉末花生米
· 姜丝炒肉
· 番茄排骨汤
· 枸杞鸡粥

材料

花生米	100克	农家大酱	适量
猪五花肉	50克	美极鲜酱油	适量
红干椒、大葱	各适量	料酒、植物油	各适量
香菜	适量	香油	各适量
鸡精、白糖	各适量		

花生米　咸鲜味　25分钟

做法

1. 猪五花肉剔去筋膜，洗净，剁成末；红干椒去蒂，切成小段；大葱洗净，切成小丁；香菜择洗干净，切成2厘米长的小段。

2. 花生米放入冷水中浸泡至软，剥去子皮、洗净，沥净水分，放入热油锅中炒熟，出锅晾凉。

3. 锅置火上，加油烧热，下入葱丁、红干椒炝锅，放入猪肉末，用小火煸炒至变色，继续煸炒至肉末变干。

4. 烹入料酒，加入清汤、农家大酱、白糖、鸡精、美极鲜酱油炒匀，淋入香油，出锅放入花生米碗中拌匀，撒上香菜段即成。

姜丝炒肉

☸猪瘦肉 🍲姜鲜味 ⏰15分钟

材料

猪瘦肉 ············· 350克
鲜姜 ·············· 150克
大葱 ·············· 15克
精盐、味精 ······ 各1小匙
米醋 ·············· 1小匙
酱油 ·············· 少许
料酒 ·············· 1大匙
香油 ·············· 2小匙
植物油 ·············· 2大匙

做法

1. 猪瘦肉去掉筋膜,洗净,切成6厘米长的细丝,加上少许精盐拌匀;大葱洗净,切成细丝。

2. 鲜姜削去外皮、洗净,切成细丝,放入冷水中浸泡(去除辣味),捞出、沥水。

3. 炒锅置旺火上,加上植物油烧至六成热,下入姜丝、葱丝炒出香味,放入猪肉丝炒至变色。

4. 烹入料酒,加入酱油、精盐、米醋、味精炒至入味,淋入香油,出锅装盘即成。

番茄排骨汤

🍖排骨 🍲酸鲜味 ⏲75分钟

材料

小排骨 …………… 600克

番茄 ……………… 150克

净文蛤肉 ………… 50克

小鱼干 …………… 少许

精盐、胡椒粉 … 各1小匙

淀粉、酱油 …… 各2大匙

米酒 ……………… 1大匙

辣肉酱、植物油 … 各适量

做法

1. 小排骨洗净，剁成小段，加入淀粉、胡椒粉、米酒、酱油拌匀，腌渍5分钟，放入热油锅中炸至金黄色，捞出、沥油；番茄去蒂、洗净，切成小块。

2. 净锅置火上，加入适量清水，放入番茄块、小鱼干、文蛤肉、排骨段烧沸，用旺火煮约5分钟。

3. 转小火煮约1小时，加入辣肉酱、精盐调好汤汁口味，出锅装碗即成。

材料

鸡胸肉	250克	姜末	10克
大米	100克	精盐	1/2小匙
猪瘦肉	50克	味精、料酒	各适量
枸杞子	10克	香油、植物油	各适量

枸杞鸡肉粥

🕙 鸡胸肉 ～ 咸鲜味 🕙 45分钟

养生功效

大米中含有丰富的碳水化合物，搭配营养丰富的鸡胸肉、猪瘦肉、枸杞子等熬成粥，可以改善肠胃功能，对肠胃不佳者有比较好的效果。

做法

1. 鸡胸肉、猪瘦肉剁成蓉，加入姜末、料酒拌匀，腌渍片刻；大米淘洗干净。

2. 坐锅点火，加入植物油烧至六成热，下入姜末、鸡肉蓉、猪肉蓉炒出香味。

3. 加入料酒、精盐、枸杞子、大米及适量清水调匀，用旺火烧煮至沸。

4. 改用小火煮至大米烂熟，撒上味精，淋入香油，出锅装碗即成。

家常拌墨鱼

2 菜 1 汤 1 主食

· 家常拌墨鱼
· 芥蓝炒牛肉
· 瓜干煮荷兰豆
· 翡翠虾仁蒸饺

材料

鲜墨鱼	1000克	葱油	2小匙
红椒	25克	味精	少许
香菜	15克	美极鲜酱油	少许
葱段	20克	白醋、辣根	各少许
海味酱油	1小匙		

墨鱼　鲜辣味　15分钟

做法

1. 鲜墨鱼洗涤整理干净，放入清水锅中，加入葱段煮至断生，捞出、晾凉，沥水。

2. 红椒去蒂、去籽，洗净，切成粗丝；香菜择洗干净，切成小段。

3. 海味酱油、味精、美极鲜酱油、白醋、辣根、葱油放小碗内调拌均匀成味汁。

4. 熟墨鱼切成大块，加上味汁拌匀，码放在盘内，撒上红椒丝、香菜段即可。

芥蓝炒牛肉

🥩 牛脊肉　🍲 咸鲜味　⏰ 25分钟

材料

牛里脊肉 ··········· 300克

芥蓝 ·············· 150克

姜片 ··············· 5克

白糖 ·············· 1小匙

酱油 ············· 1/2大匙

料酒、水淀粉 ··· 各1大匙

蚝油 ·············· 2大匙

植物油 ············ 适量

做法

1. 牛里脊肉洗净，切成大片，加入酱油、料酒、水淀粉抓匀、上浆，腌渍10分钟，下入七成热油锅中滑散至熟，捞出、沥油。

2. 芥蓝去根，用清水洗净，切成小段，放入沸水锅内略焯，捞出、冲凉，沥干水分。

3. 净锅置火上，加入植物油烧热，下入姜片炒香，放入芥蓝段略炒，加入牛肉片、蚝油、白糖翻炒均匀，用水淀粉勾芡，出锅装盘即成。

养生功效

　　芥蓝有润肠去热气、下虚火的功效，牛肉则有滋阴润燥、补中益气的效果，两者搭配炒制成菜，可为人体提供丰富的营养，具有强身健体的功效。

材料

地瓜干	150克	精盐	1小匙
荷兰豆	125克	胡椒粉	1/2小匙
葡萄干	20克	高汤	1200克

瓜干煮兰豆

地瓜干 咸鲜味 40分钟

养生功效

地瓜干中富含碳水化合物，荷兰豆维生素C含量比较高，两者搭配制作成汤羹食用，有补中和气、益气生津、滑肠通便、养颜美容的功效。

做法

1 将地瓜干放入清水中浸泡至回软，捞出、沥干，切成小条。

2 将荷兰豆择洗干净，切去两端，大的一切两半；葡萄干用清水洗净。

3 锅中加入高汤煮沸，下入地瓜干、葡萄干煮10分钟，再加入荷兰豆煮至熟透。

4 撇去汤汁表面浮沫，放入精盐、胡椒粉调好汤汁口味，出锅装碗即成。

翡翠鲜虾饺

🍳面粉 🍵咸鲜味 ⏰30分钟

材料

面粉················· 500克

菠菜················· 400克

猪肉末··············· 300克

韭菜末··············· 125克

虾仁粒··············· 100克

精盐、味精 ······ 各1小匙

料酒················· 1大匙

酱油、香油 ······ 各2小匙

植物油··············· 2大匙

做法

1. 菠菜洗净,剁成细末,加入少许精盐,放在净纱布上,包紧,挤出绿菠菜汁。

2. 将1/2的面粉放在容器内,加入沸水略烫一下,加入绿菠菜汁和另外一半面粉和成面团,略饧。

3. 猪肉末、虾仁粒放入容器内,加入所有调料调匀,放入韭菜末拌匀成馅料。

4. 面团搓成长条,揪成小面剂,擀成圆皮,抹上馅料,合拢收口,捏成月牙形饺子生坯,摆入蒸锅内,用旺火足汽蒸8分钟至熟,取出装盘即成。

①

②

③

南瓜炒百合

2 菜 1 汤 1 主食

· 南瓜炒百合
· 塔塔酥香鱼排
· 冬瓜八宝汤
· 烂锅面

GOOD

材料

南瓜	500克	精盐	1小匙
鲜百合	100克	味精	1/2小匙
青椒、红椒	各20克	水淀粉	2小匙
葱末、姜末	各5克	植物油	1大匙

南瓜 咸鲜味

做法

1 南瓜洗净，去皮及瓜瓤，切成长片，放入沸水锅中焯烫至熟，捞出、沥干。

2 百合去根，放入沸水锅内焯烫一下，捞出、沥水；青椒、红椒洗净，切成菱形片。

3 锅中加入植物油烧热，下入葱末、姜末炝锅出香味，放入南瓜片和百合炒匀。

4 加上青椒片、红椒片、精盐、味精炒匀，用水淀粉勾芡，淋入明油，出锅即成。

酥香鳕鱼排

鳕鱼肉　　酱香味　　25分钟

材料

鳕鱼	500克
芹菜粒	35克
胡萝卜粒	25克
彩椒粒	25克
洋葱粒	25克
鸡蛋清	2个
面包糠	150克
精盐、胡椒粉	各1小匙
面粉	2小匙
柠檬汁	少许
沙拉酱	少许
植物油	适量

做法

1. 把鳕鱼片去鱼皮，洗净血污，切成厚约1厘米的长条块，加入精盐、胡椒粉、面粉、柠檬汁、鸡蛋清拌匀，腌渍10分钟。

2. 把芹菜粒、胡萝卜粒、彩椒粒、洋葱粒放入沸水锅内焯烫一下，捞出、沥水，放入大碗内，加入沙拉酱、胡椒粉调拌均匀成酱汁。

3. 净锅置火上，加入植物油烧至四成热，把鳕鱼排沾匀面包糠，放入油锅内炸至金黄、熟脆，捞出、沥油，码放在盘中，配酱汁一起上桌蘸食即成。

八宝冬瓜汤

🍈冬瓜 🍲咸鲜味 ⏰30分钟

材料

冬瓜	300克
虾仁	75克
猪肉	50克
干贝	25克
胡萝卜	20克
干香菇	3朵
葱段	15克
精盐	2小匙

做法

1. 冬瓜洗净，削去外皮，去掉瓜瓤，切成小块；胡萝卜洗净、去皮，切成滚刀块。

2. 虾仁去除沙线、洗净、沥水；猪肉去掉筋膜，洗净、切成小片；干香菇用温水泡软、去蒂，切成小块；干贝用清水泡软，捞出、沥干。

3. 锅中加入适量清水，下入干贝、虾仁、猪肉片、香菇块、冬瓜块、胡萝卜块煮沸，转小火煮约15分钟，加入精盐调匀，撒上葱段，出锅装碗即成。

材料

面粉	500克	味精	1/2小匙
猪瘦肉、白菜心	各150克	料酒	1小匙
葱末、姜末	各10克	肉汤	1250克
精盐	2小匙	熟猪油	2大匙

烂锅面

面粉 ~ 咸鲜味 🕙 30分钟

做法

1. 面粉放入盆内，加入适量清水和好成面团，再制成面条；猪瘦肉洗净，切成小片；白菜心洗净，切成小段。

2. 锅中加上植物油烧至六成热，先放入葱末、姜末炒香，然后放入猪肉片煸炒至七分熟。

3. 再放入白菜心略炒至软嫩，加入精盐、料酒、肉汤烧煮至沸，捞出猪肉片及白菜心。

4. 放入面条煮至刚熟，加入味精煮匀，把猪肉片、白菜心放回锅内，再沸后出锅装碗即成。

蛋煎牡蛎

2菜 1汤 1主食

- 蛋煎蛎黄
- 翡翠拌腰花
- 板栗花生汤
- 牛肉炒面

材料

牡蛎	500克	味精	1/2小匙
鸡蛋	3个	胡椒粉	少许
香葱	15克	香油	2小匙
精盐	1小匙	植物油	适量

牡蛎　咸鲜味　20分钟

做法

1. 香葱去根、洗净，切成碎末，放入大碗中，磕入鸡蛋，加入精盐、胡椒粉拌匀成鸡蛋液。

2. 牡蛎撬开外壳，取出牡蛎肉，去掉内脏和杂质，放入沸水锅内焯烫一下，捞出、沥水，放入盛有鸡蛋液的碗里拌匀。

3. 净锅置旺火上，加入少许植物油烧至六成热，倒入牡蛎鸡蛋液，转小火煎至蛋液凝固。

4. 轻轻翻个，继续煎约2分钟至两面呈金黄色，撒上味精，淋入香油，取出切成小块，装盘上桌即成。

翡翠拌腰花

🥩猪腰 🍵鲜辣味 ⏱45分钟

材料

猪腰…………………… 200克

冲菜…………………… 100克

红辣椒粒………… 10克

葱段、姜片 …… 各10克

葱花、蒜泥 …… 各10克

精盐、味精 … 各1/2小匙

白糖………………… 1/2小匙

胡椒粉………………… 1/2小匙

香油………………… 1/2小匙

香醋、料酒 …… 各2小匙

美极鲜酱油 ……… 2大匙

鸡汤………………… 2大匙

做法

1. 冲菜洗净,切碎,放入热锅中略炒,倒入盆中;红辣椒洗净,去蒂及籽,切成小粒;香菜根洗净。

2. 猪腰子撕去外膜,对半剖开,去除白色腰臊,洗净,先剞上花刀,再切成小片,然后加入姜片、葱段、料酒腌渍20分钟,再放入沸水锅中焯至断生,捞出过凉,沥干。

3. 将美极鲜酱油、鸡汤、香菜根放入锅中熬成浓汁,过滤后加入精盐、味精、白糖调拌均匀,制成调味汁。

4. 冲菜加入精盐、香醋、蒜末、芥末膏拌匀,装入盘中垫底,再放上猪腰片,淋上调味汁、香油,撒上红辣椒粒、葱花即可。

材 料

板栗	200克	西蓝花	40克
胡萝卜	125克	白菜叶	25克
火腿	80克	精盐	2小匙
花生	50克	牛奶	2大匙

板栗花生汤

板栗 〉 咸鲜味 〉 40分钟

养生功效

板栗、花生是碳水化合物含量较高的干果,能供给人体较多的热能,并能帮助脂肪代谢,保证机体基本营养物质供应,有益气健脾、厚补胃肠的作用。

做 法

1. 将火腿切成小块;板栗、花生放入清水锅中煮至熟透,捞出用冷水过凉,去掉外壳及内膜。

2. 西蓝花洗净,分成小朵;白菜叶洗净,撕成小块;胡萝卜洗净,切成块,放入搅拌机内搅打成胡萝卜汁。

3. 净锅置火上,加入清水500克,用旺火烧沸,倒入适量胡萝卜汁、牛奶烧煮至微沸。

4. 下入板栗、火腿块、花生、西蓝花、白菜叶,用小火煮约15分钟,加入精盐调好口味,出锅装碗即成。

牛肉炒面

面条 咸鲜味 20分钟

材料

面条 ················ 300克

牛肉 ················ 100克

青椒、红椒 ······ 各25克

葱丝、姜丝 ······ 各10克

精盐 ················ 1小匙

味精 ················ 1/2小匙

料酒、酱油 ······ 各2小匙

肉汤、植物油 ··· 各3大匙

做法

1. 牛肉去掉筋膜，洗净，切成细丝；青椒、红椒去蒂、去籽，切成细丝；锅中加入适量清水烧沸，下入面条煮至熟，捞出、投凉，沥去水分。

2. 锅中加入植物油烧热，放入葱丝、姜丝炒香，下入牛肉丝炒至变色，烹入料酒炒至熟。

3. 加入肉汤、精盐和酱油烧沸，放入熟面条、青红椒丝翻炒均匀，加入味精，出锅装盘即成。

①

②

③

Part 2
四菜一汤一主食

鸡丝蕨菜

4 菜 1 汤 1 主食

- 鸡丝蕨菜
- 泡菜三文鱼
- 椒酥河虾
- 香煎茄片
- 鹌鹑莲藕汤
- 叉烧什锦饭

GOOD

材料

鸡胸肉	300克	精盐、香油	各1小匙
蕨菜、春笋	各50克	白糖、料酒	各2小匙
红辣椒	15克	淀粉	1/2大匙
鸡蛋清	1个	植物油	2大匙
葱丝、姜丝	各15克		

鸡胸肉　鲜辣味　小分钟

做法

1. 把鸡胸肉去掉筋膜，洗净血污，擦净水分，切成细丝，放在大碗内，加入精盐、鸡蛋清、料酒、葱丝、姜丝、淀粉抓匀、上浆。

2. 蕨菜择洗干净，切成小段；春笋洗净，切成细丝；红辣椒洗净，去蒂及籽，切成细丝。

3. 锅置火上，加油烧热，下入鸡肉丝炒散至变色，放入葱丝、姜丝、红辣椒丝炒匀。

4. 烹入料酒，加入春笋丝、蕨菜段、精盐、白糖炒至入味，淋入香油，出锅装盘即成。

泡菜三文鱼

三文鱼　酸辣味　10分钟

材料

净三文鱼肉 ········ 300克
四川泡菜 ·········· 50克
泡菜汁 ············· 2大匙
精盐 ·············· 1/2小匙
香油 ·············· 1小匙
芥末膏 ············ 15克
冰块 ·············· 500克

做法

1. 三文鱼洗净,擦净表面水分,将肉沿着背脊部切下,片成厚薄均匀的片。

2. 四川泡菜去根,切成均匀的菱形小块;冰块(500克)放入刨冰机中打成碎片。

3. 把冰块碎片放入大盘中堆成小山形,将三文鱼片整齐地摆放在上面。

4. 芥末膏、精盐、泡菜汁、香油、泡菜块调匀成味汁,随三文鱼一起上桌蘸食。

椒酥河虾

河虾 · 椒香味 · 20分钟

材料

河虾 ················· 300克

鸡蛋 ··················· 1个

精盐、味精 ··· 各1/2小匙

面粉、淀粉 ······ 各1大匙

花椒粉 ············· 1小匙

料酒 ················· 4小匙

植物油 ············· 适量

做法

1. 河虾剪去虾须、虾足，洗净，去除沙线，加上少许精盐和料酒拌匀，腌渍10分钟。

2. 取大碗1个，磕入鸡蛋，加入淀粉、面粉和少许清水拌匀成全蛋糊，放入河虾裹匀全蛋糊。

3. 净锅置火上，加入植物油烧至七成热，放入河虾炸至酥脆、色泽金黄时，捞入大盘中，撒上精盐、味精、花椒粉，上桌即成。

材料

长茄子	2根	蒜末、精盐	各适量
青蒜段	30克	鸡精、胡椒粉	各适量
水发海米	15克	白糖、淀粉	各适量
青椒粒	少许	生抽、高汤	各适量
红椒粒	少许	植物油	适量
鸡蛋黄	2个		

香煎茄片

茄子 ～ 鲜辣味 🕒 20分钟

养生功效

在制作茄子菜肴中加上一些蒜末，不仅可使成菜的味道鲜美，还有非常好的保健效果，能够增进食欲，降低胆固醇，还有防治肠道炎症的作用。

做法

1 长茄子去蒂，削去外皮，洗净，切成厚片，剞上十字花刀，加入少许精盐稍腌。

2 长茄子拍上淀粉，蘸上鸡蛋黄，放入热油锅中煎至金黄色，捞出、沥油。

3 锅留底油烧热，下入蒜末炒香，放入青椒粒、红椒粒、海米、高汤、茄子片烧沸。

4 加入精盐、胡椒粉、生抽、白糖、鸡精调匀，用水淀粉勾芡，撒入青蒜段即成。

鹌鹑莲藕汤

🐦鹌鹑 🍲鲜辣味 ⏱60分钟

材料

鹌鹑·················· 500克
莲藕·················· 200克
大葱·················· 1棵
精盐·················· 适量
味精·················· 1/2小匙
白糖·················· 1小匙
料酒·················· 1大匙
辣酱、植物油 ··· 各2大匙

做法

1. 将鹌鹑宰杀,去掉绒毛、去头,从尾部开膛掏出内脏,用清水洗净,剁成两半,放入沸水锅中,加入少许料酒焯一下,捞出、沥水。

2. 莲藕去掉藕节,削去外皮、洗净,切成大片;大葱去皮、洗净,切成小段。

3. 锅中加入植物油烧热,下入葱段、辣酱、白糖炒香,放入莲藕翻炒片刻,加入适量清水煮沸,放入鹌鹑块煮30分钟,加入精盐、味精调味,出锅装碗即成。

养生功效

鹌鹑是良好的益智食材,有助于增进食欲、提高记忆力;莲藕能够养肝明目、抵抗疲劳,两者搭配制作成汤羹食用,可以消除眩晕、健忘症状,提高智力,健脑养神等。

叉烧什锦饭

🍚大米饭 🍲咸鲜味 🐻20分钟

材料

大米饭	250克
猪瘦肉	100克
鸡蛋	1个
叉烧肉	25克
水发木耳	25克
蟹柳、芥蓝	各25克
葱末、姜末	各10克
精盐、味精	各少许
料酒、酱油	各1小匙
白糖	1/2小匙
植物油	2大匙

做法

1. 把猪瘦肉洗净，切成细丝，放入烧热的油锅内，加入料酒、酱油、白糖煸炒至熟，取出。

2. 鸡蛋放入热锅内摊成鸡蛋皮，取出、晾凉、切成丝；叉烧肉、水发木耳、蟹柳切成丝；芥蓝洗净，切成片。

3. 净锅置火上，加入植物油烧热，下入猪肉丝、蛋皮丝、叉烧肉、水发木耳、蟹柳、芥蓝、葱末、姜末炒香。

4. 加入大米饭翻炒均匀，放入精盐、味精炒匀，出锅装碗即成。

双耳爆敲虾

材料

黑木耳、银耳	各5克	味精	1/2小匙
草虾	10只	淀粉	3大匙
芥蓝片	25克	水淀粉	1大匙
葱末、姜末	各10克	葱油	5小匙
精盐、料酒	各1小匙		

木耳　咸鲜味　25分钟

做法

1. 黑木耳、银耳用清水浸泡至软，去蒂，洗净，撕成小朵，放入沸水锅中焯透，捞出沥水。

2. 草虾洗净，去头及外壳，留虾尾，去除沙线，再从中间片成两片；放入碗内，撒上少许精盐和料酒拌匀，腌渍10分钟。

3. 将腌渍好的草虾放在案板上，用面棍边敲边撒上淀粉，敲至原来体积的2倍，再放入沸水锅中焯烫至熟，捞出沥干。

4. 锅中加入葱油烧热，下入葱、姜炒香，放入芥蓝片、草虾、黑木耳、银耳炒匀，加入精盐、味精调味，用水淀粉勾芡，出锅即成。

芦笋扒鲍片

🐚鲍鱼　🍵咸鲜味　⏲90分钟

材料

鲍鱼 ················· 250克
鲜芦笋 ··············· 100克
鸡肉块 ··············· 75克
猪瘦肉片 ············· 50克
火腿 ················· 50克
姜片 ················· 15克
料酒 ················· 1大匙
蚝油、植物油 ··· 各适量

做法

1. 鲍鱼涨发回软，洗涤整理干净，放入砂锅中，加入鸡肉块、猪瘦肉片、火腿、料酒、蚝油、姜片煲至入味，捞出鲍鱼晾凉，切成大薄片。

2. 鲜芦笋去根，洗净，切成小段，放入沸水锅中焯透，捞出、沥水，放入热油锅中冲炸一下，取出。

3. 芦笋段放入锅内，上放鲍鱼片，浇入煲鲍鱼的汤汁烧沸，转小火扒烧至入味，离火出锅，装盘上桌即可。

养生功效

芦笋中富含叶酸和铁元素，配以营养丰富的鲍鱼一起制作成菜食用，有助于改善贫血，消除疲劳，并且有美容、养颜的效果。

材料

牛里脊肉 ………… 400克
油菜 …………… 150克
红椒块 ………… 20克
蒜瓣（拍碎）…… 15克
精盐 …………… 1小匙

白糖、胡椒粉 … 各少许
酱油、水淀粉 …… 2小匙
蚝油 …………… 1大匙
植物油 ………… 适量

蚝油牛爽肉

牛脊肉 🍲 蚝油味 ⏱ 25分钟

养生功效

牛肉、油菜均是营养丰富的食材，两者一起炒制成菜，有强壮身体的作用，可提高机体抗病能力，尤其对年老体弱者有非常好的疗效。

做法

1. 牛里脊肉切成大片，加入精盐、酱油、水淀粉拌匀，放入热油锅中滑油，捞出。

2. 油菜洗净，放入沸水锅中，加入少许植物油、精盐焯烫至熟，捞出、沥水。

3. 锅中加入植物油烧热，下入蒜瓣爆香，放入牛肉片、红辣椒块稍炒。

4. 放上油菜心，加入酱油、蚝油、白糖、胡椒粉烧至入味，出锅装盘即成。

海鲜烧豆腐

🍲豆腐 🍵咸鲜味 ⏰20分钟

材料

豆腐……………… 400克
水发海参………… 100克
鲜鱿鱼、虾仁 … 各50克
小油菜………… 少许
葱段、姜片……… 各5克
精盐、鸡精…… 各1小匙
白糖、蚝油…… 各2小匙
高汤、植物油 … 各适量

做法

1. 把豆腐片去老皮,切成大片,放入热油锅中炸至金黄色,捞出、沥油,放入盘中;水发海参、鲜鱿鱼洗净,均切成大片。

2. 锅中加入清水烧沸,分别放入鱿鱼片、海参片、小油菜焯烫一下,捞出、沥水。

3. 锅中加上植物油烧热,下入葱段、姜片炒香,加入蚝油、高汤、豆腐片、虾仁、鱿鱼、海参、小油菜和调料烧至入味,用水淀粉勾芡,出锅装碗即成。

杞子南瓜汤

🎃南瓜 ☕奶香味 ⏱30分钟

材料

南瓜 …………… 500克
芹菜 …………… 50克
银杏 …………… 30克
枸杞子 ………… 15克
精盐 …………… 1/2大匙
胡椒粉 ………… 少许
三花淡奶 ……… 3大匙
高汤 …………… 1000克

做法

1. 将南瓜洗净，刮去外皮，去掉瓜瓤及籽，切成3厘米大小的块；芹菜去根和叶，洗净，切成碎粒；枸杞子、银杏分别洗净，沥去水分。

2. 净锅置火上烧热，加入高汤、三花淡奶煮至沸，下入南瓜块，转小火煮约20分钟。

3. 加入精盐、胡椒粉、枸杞子、银杏和芹菜碎，继续煮10分钟，出锅装碗即成。

养生功效

营养比较均衡、口味软嫩的南瓜，配以银杏、枸杞子等一起制作成汤羹食用，有健脾、养肝、明目的功效，长期食之，对夜盲症有一定治疗效果。

奶香玉米饼

玉米面 奶香味 30分钟

材料

玉米面 ………………… 500克

中筋面粉 ……………… 200克

奶粉 …………………… 250克

鸡蛋 …………………… 4个

白糖 …………………… 200克

泡打粉 ………………… 1大匙

酵母粉 ………………… 1大匙

植物油 ………………… 2大匙

做法

1. 将玉米面、中筋面粉放入容器内,加入奶粉、酵母粉、泡打粉和白糖拌匀。

2. 磕入鸡蛋,再加入适量清水(约1000克),充分调拌均匀成玉米面糊。

3. 平底锅置火上烧热,抹上少许植物油,用手勺取少许玉米面糊,倒入锅中呈圆饼形状,待煎至玉米饼呈金黄色时,出锅装盘即成。

椿芽蚕豆

4菜 1汤 1主食

- 椿芽蚕豆
- 宫保鱿鱼
- 蒜蓉开片虾
- 梅菜蒸肉饼
- 玉笋鸡肉汤
- 黄金饺

GOOD

材料

鲜蚕豆仁	400克	味精	少许
香椿	50克	鸡汤	1小匙
红辣椒	35克	辣椒油	2大匙
精盐	1/2大匙	香油	1/2小匙

鲜蚕豆仁　香辣味　20分钟

做法

1. 鲜蚕豆仁洗净，放入清水锅中煮至熟嫩，捞出、沥水，摊开晾凉。

2. 把红辣椒去蒂、去籽，用清水洗净，切成小块，放入沸水锅内焯烫一下，捞出。

3. 香椿去蒂、洗净，放入沸水锅中焯烫一下，捞出、过凉、沥水，切成小粒。

4. 把鲜蚕豆仁、香椿粒、红辣椒、精盐、味精、辣椒油、鸡汤和香油拌匀即成。

宫保鱿鱼

鱿鱼 　宫保味 　15分钟

材料

水发鱿鱼 ············· 400克

红干椒 ··············· 20克

蒜末、花椒 ········· 各5克

精盐、鸡精 ········· 各1小匙

酱油 ················· 2小匙

白糖、米醋 ········· 各适量

料酒、香油 ········· 各适量

水淀粉 ··············· 1小匙

植物油 ··············· 2大匙

做法

1. 把水发鱿鱼剥去皮,用清水洗净,切成小块,放入七成热油锅中滑至透,捞出、沥油;红干椒去蒂、洗净,剪成小段。

2. 小碗中加入精盐、鸡精、酱油、白糖、米醋、料酒、香油、蒜末、水淀粉调匀,制成味汁。

3. 净锅置火上,加上少许植物油烧热,下入花椒、红干椒段炸出香辣味,放入鱿鱼块翻炒均匀,烹入味汁爆炒至入味,出锅装盘即可。

蒜蓉开片虾

斑节虾　蒜鲜味　10分钟

材料

斑节虾	500克
蒜蓉	100克
精盐	少许
味精	1/2小匙
熟鸡油	2小匙
植物油	2大匙

做法

1. 将斑节虾洗净,用刀从头到尾切成两片,尾部不切断,整齐地放入盘中。

2. 锅置火上,加入植物油烧热,下入一半蒜蓉炸至淡黄色,盛出;再加入剩余的蒜蓉拌匀,最后加入精盐、味精、熟鸡油调匀成蒜蓉汁。

3. 将调好的蒜蓉汁均匀地浇在斑节虾上,上笼用旺火蒸约5分钟至熟,取出上桌即成。

材 料

猪五花肉	……… 250克	葱花	……………… 5克
梅干菜	……… 150克	精盐、味精	各1小匙
鸡蛋	……… 1个	白糖	1小匙
青椒粒	……… 少许	料酒、淀粉	各1大匙
红椒粒	……… 少许	生抽、植物油	… 各2大匙

梅菜蒸肉饼

猪肉 ～ 咸鲜味 ⏰ 25分钟

养生功效

猪五花肉中胆固醇含量较高，梅干菜中含有的营养成分皂甙，可以降低胆固醇，两者搭配成菜，有利于人体吸收五花肉的营养，还能降低胆固醇的吸收。

做 法

1. 猪五花肉剁成末，加入精盐、味精、料酒、鸡蛋、淀粉调匀，制成饼状，放入盘中。

2. 梅干菜用清水泡软，洗去盐分，切去老根，剁成碎末。

3. 净锅置火上，加上植物油烧至六成热，下入梅干菜、生抽、白糖、精盐、味精炒匀，出锅倒在肉饼上。

4. 把梅菜肉饼放入蒸锅中，用中火蒸15分钟至熟，取出，撒上葱花、青椒粒、红椒粒即成。

玉笋鸡肉汤

🍗 鸡胸肉　🍛 咖喱味　⏰ 20分钟

材料

鸡胸肉 …………… 300克

玉米笋 …………… 1瓶

姜末、葱丝 …… 各少许

精盐 …………… 1小匙

咖喱粉 …………… 1大匙

水淀粉、酱油 … 各2小匙

鸡汤 …………… 1000克

做法

1. 鸡胸肉洗净，去掉筋膜，先切成厚片，再顶刀切成小条；玉米笋开瓶，取出玉米笋，沥净水分，从中间切开成两半。

2. 锅置火上，加入鸡汤烧煮至沸，放入鸡肉条、玉米笋，用小火煮5分钟。

3. 撇去浮沫，放入咖喱粉、姜末、酱油、精盐煮至入味，用水淀粉勾芡，撒入葱丝，出锅装碗即成。

养生功效

鸡胸肉、玉米笋中均含有比较丰富的蛋白质、维生素、矿物质等，搭配制作成汤羹食用，对营养不良、乏力疲劳、月经不调、贫血、虚弱等有很好的食疗作用。

黄金饺

🐷猪肉 🍲咸鲜味 ⏰30分钟

材料

猪肉末 ············· 150克

鸡蛋 ················· 4个

香菜末 ············· 少许

葱粒、姜末 ······ 各10克

精盐 ··············· 1小匙

酱油 ··············· 1大匙

鸡精、味精 ······ 各少许

香油 ··············· 1大匙

做法

1. 将猪肉末放入容器内,加入姜末、精盐、酱油和香油搅匀成馅料。

2. 鸡蛋放入碗内打散成鸡蛋液,倒入热锅内摊成鸡蛋皮,出锅、晾凉,放入馅料,包成饺子生坯。

3. 净锅置火上,加入适量清水烧煮至沸,放入饺子生坯,中火煮至熟嫩,加入少许酱油、精盐、鸡精调好口味,出锅倒在大碗内,撒上香菜末、葱粒即成。

酱茄子干

4菜 1汤 1主食

- 酱茄子干
- 莴笋炒猪肝
- 家味鸡里蹦
- 酥炸海蟹
- 豆腐什锦煲
- 盘丝饼

GOOD

材料

茄子干	250克	老抽	2大匙
香葱	25克	花椒水	适量
精盐	1大匙	料酒	3大匙
味精	1小匙	香油	2小匙

茄子干　　酱香味　　25分钟

做法

1. 茄子干用温水浸泡至软，换清水洗净，攥干水分；香葱洗净，切成香葱花。

2. 锅中加入适量清水、精盐、料酒、花椒水、老抽和味精煮10分钟成酱汁。

3. 倒入浸泡好的茄子干，用中小火酱约15分钟至入味，离火、晾凉。

4. 加上香油调拌均匀，码放在大盘内，撒上香葱花，上桌即成。

茭笋炒猪肝

🍖猪肝　🍲咸鲜味　⏰15分钟

材料

猪肝……………… 300克
茭白……………… 150克
甜蜜豆…………… 50克
水发木耳………… 50克
葱末、姜末……… 各5克
精盐……………… 1小匙
酱油、料酒…… 各2小匙
白糖……………… 少许
米醋……………… 1/2小匙
胡椒粉…………… 1/2小匙
香油……………… 1/2小匙
淀粉……………… 1大匙
高汤、植物油 … 各适量

做法

1. 猪肝去掉白色筋膜，洗净血污，切成大片，加入少许精盐、酱油、胡椒粉、淀粉拌匀、上浆，放入沸水锅内略焯，捞出、沥水。

2. 茭白去根，削去外皮，洗净，切成片，放入沸水锅内焯烫一下，捞出、沥水；甜蜜豆切成小块。

3. 小碗中加入高汤、精盐、酱油、白糖、米醋、葱末、姜末、料酒、胡椒粉、香油调匀，制成味汁。

4. 锅中加上植物油烧热，下入茭白片、甜蜜豆、木耳略炒，放入味汁、猪肝片炒至入味，出锅装盘即成。

材料

鸡胸肉	300克	葱末、姜末	各少许
鲜虾	50克	精盐、鸡精	各1小匙
玉米粒	20克	料酒	1大匙
青豆、胡萝卜丁	各15克	水淀粉	2大匙
鸡蛋清	1个	植物油	3大匙

家味鸡里蹦

鸡胸肉 咸鲜味 20分钟

养生功效

鸡胸肉、鲜虾中富含蛋白质，玉米粒、青豆、胡萝卜中维生素含量高，一起搭配炒制成菜，不仅色泽美观，口味鲜咸，还有养颜、美容的效果。

做法

1. 鲜虾去除外壳，挑除沙线，洗净，切成小粒；玉米粒、青豆、胡萝卜放入沸水中焯烫一下，捞出、沥干。

2. 鸡胸肉洗净，切成小丁，加入鸡蛋清、水淀粉拌匀、上浆；精盐、料酒、水淀粉、鸡精调匀成味汁。

3. 锅置火上，加入适量植物油烧至七成热，下入葱末、姜末炒出香味，放入鸡肉丁炒至变色。

4. 加入虾仁、玉米粒、青豆、胡萝卜丁炒至熟嫩，烹入味汁翻炒入味，出锅装盘即成。

酥炸海蟹

🦀海蟹 🍲咸鲜味 ⏰15分钟

材 料

活海蟹…… 2只(约700克)
精盐…………… 1/2小匙
料酒……………… 1大匙
味精……………… 少许
淀粉……………… 2大匙
辣椒粉…………… 2小匙
植物油…………… 适量

做 法

1. 活海蟹去除蟹脐和蟹盖，去鳃及内脏，冲洗干净，剁成两块，放入盆中，加入料酒、味精、精盐、辣椒粉拌匀，腌渍片刻。

2. 坐锅点火，加入植物油烧至八成热，将海蟹刀口断面处拍匀一层淀粉。

3. 把海蟹块放入油锅内炸至金黄色，捞出、沥油，在盘中拼回原形；把海蟹盖入油锅内炸至金红色，取出，盖在蟹块上即成。

豆腐什锦煲

豆腐　　清鲜味　15分钟

材料

豆腐 ························· 400克

芥蓝 ························· 100克

竹笋丝 ······················· 25克

火腿末、金针菇 ··· 各25克

水发香菇末 ············· 25克

水发木耳 ··············· 25克

水发银耳 ··············· 25克

精盐 ························· 少许

淀粉、面粉 ······ 各75克

蚝油 ·················· 2大匙

白糖、香油 ······ 各适量

水淀粉、高汤 ··· 各适量

植物油 ··············· 适量

做法

1. 豆腐片去老皮，压成蓉，加入水发香菇末、火腿末、精盐、白糖、淀粉、面粉拌匀，挤成小椭圆形豆腐。

2. 净锅置火上，放入植物油烧至六成热，下入椭圆形豆腐炸至金黄色，捞出、沥油。

3. 锅内留少许底油，复置火上烧热，放入金针菇、水发木耳、水发银耳、竹笋丝和椭圆形豆腐炒匀。

4. 加入蚝油、高汤煮至沸，放入焯烫过的芥蓝，用水淀粉勾芡，淋上香油，出锅装碗即成。

盘丝饼

🍜面粉 🥢香甜味 ⏰30分钟

🍜面粉 🥢香甜味 ⏰30分钟

材料

面粉	300克
青红丝	15克
食用碱	少许
精盐	1/2小匙
白糖	4大匙
香油	2大匙
植物油	3大匙

做法

1. 将面粉放入小盆中，加入精盐和适量清水和成面团，略饧一会儿，再揉一次，然后加入食用碱揉搓均匀，再饧约30分钟。

2. 将饧好的面团抻成细丝面条，刷上植物油，切成10小块，每块抻长，盘成饼形成生坯。

3. 平底锅内加入植物油、香油烧至七成热，放入盘丝饼生坯，用小火烙至两面呈金黄色，取出轻轻拍散，码放在盘内，撒上白糖、青红丝即成。

菠萝鸡丁

材料

鸡胸肉	250克	精盐、味精	各适量
菠萝	100克	白糖、淀粉	各适量
洋葱块	50克	料酒、植物油	各适量
青椒、红椒	各25克		

鸡胸肉　椒麻味　15分钟

做法

1. 菠萝削去外皮，取净果肉切成小丁，放入淡盐水中浸泡；青椒、红椒分别去蒂和子，洗净，切成大小相同的菱形块。

2. 鸡胸肉剔去筋膜，洗净，切成丁，放入碗中，加入精盐、味精、料酒、淀粉码味上浆，放入热油中滑至八分熟，捞出。

3. 锅中留底油烧至七成热，下入洋葱块和青红椒丁煸炒至熟，再放入鸡肉丁，用旺火炒匀，

4. 再加入少许精盐和白糖调好口味，放入菠萝丁炒至入味，淋入少许明油，出锅装盘即可。

芦笋炒香干

豆腐干　酸辣味　10分钟

材料

豆腐干（香干）…300克
芦笋……………150克
大葱……………10克
精盐……………1小匙
味精……………1/2小匙
鲜汤……………100克
水淀粉…………2小匙
植物油…………500克

做法

1. 将豆腐干洗净，切成粗丝，下入烧至七成热的油锅中炸至熟透，捞出、沥油。

2. 将芦笋去掉根，削去老皮，洗净，切成5厘米长的小段；大葱去根和老叶，洗净，切成碎末。

3. 锅置火上，放入少许植物油烧热，下入葱末、芦笋段炒至断生，放入豆腐干丝翻炒均匀。

4. 加入精盐、味精、鲜汤炒至入味，用水淀粉勾芡，出锅装盘即成。

养生功效

豆腐干中含有丰富的植物蛋白，搭配富含维生素C的芦笋制作成菜，可以健脾养胃、止渴除烦，并且可以更好地使豆腐干的营养被人体吸收、利用。

鲜虾煎蛋角

🦐虾仁　🍲咸鲜味　⏱15分钟

材料

鲜虾仁 …………… 200克

鸡蛋 ……………… 3个

香菇丁 …………… 25克

鲜蘑丁 …………… 15克

葱末、姜末 ……… 各5克

精盐、味精 ……… 各少许

酱油、料酒 ……… 各少许

水淀粉、香油 … 各少许

植物油 …………… 适量

做法

1. 鲜虾仁洗净,切成小丁;香菇丁、鲜蘑丁放入沸水锅中焯烫一下,捞出、沥水。

2. 鸡蛋磕入大碗中,加入虾仁丁、香菇丁、鲜蘑丁、葱末、姜末、精盐、味精、料酒、酱油、水淀粉和香油拌匀。

3. 锅中加入植物油烧热,先倒入一半的蛋液炒至熟,盛入剩余的蛋液中拌匀,再倒入热油锅中煎至熟嫩、呈金黄色时,取出,切成三角块,装盘上桌即成。

材 料

鲤鱼鱼尾	1条	黑胡椒粉	少许
青蒜	25克	白糖	1大匙
大蒜	2瓣	酱油	4小匙
精盐、番茄酱	各1小匙	植物油	2大匙

红烧鱼尾

鲤鱼 · 咸鲜味 · 45分钟

养生功效

鲤鱼鱼尾中富含多种氨基酸，其中谷氨酸、甘氨酸、组氨酸最为丰富且很易被人体吸收，很适于生长发育中的儿童和老年人及病后体虚者食用。

做 法

1. 把青蒜择洗干净，沥净水分，切成细丝；大蒜去皮，洗净，剁成末。

2. 鲤鱼尾刮去鱼鳞，洗净，沥干水分，加上少许精盐、酱油拌匀，腌渍5分钟。

3. 锅内加油烧热，下入蒜末爆香，加入精盐、黑胡椒粉、白糖、酱油、清水烧沸。

4. 放入番茄酱、鲤鱼鱼尾，中火烧至汤汁收干，出锅盛入盘中，撒上青蒜丝即成。

火腿白菜汤

 白菜 · 鲜咸味 · 30分钟

材料

大白菜	200克
火腿	150克
鲜蚕豆	100克
洋葱	少许
精盐、鸡精	各1小匙
柠檬汁	2小匙
高汤	1000克
植物油	2大匙

做法

1. 将火腿刷洗干净,切成大片;洋葱洗净,切成末;大白菜去根,取嫩白菜叶,用清水洗净,切成小条;鲜蚕豆择洗干净。

2. 净锅置火上,加入植物油烧热,下入洋葱末炒出香味,下入火腿片煸炒一下。

3. 添入高汤,下入白菜条、鲜蚕豆、精盐、鸡精、柠檬汁煮约10分钟,出锅装碗即成。

养生功效

　　大白菜、火腿是营养比较丰富的食材,一起搭配煮制成汤羹食用,有强壮身体的作用,可提高机体抗病能力,尤其对年老体弱者有非常好的疗效。

干菜鲜肉包

面粉 　咸鲜味 　45分钟

材料

面粉 ··············· 400克

玉米面 ············· 300克

猪肉末 ············· 250克

干白菜 ············· 150克

水发海米 ··········· 25克

葱末、姜末 ······ 各25克

料酒、酱油 ······ 各1大匙

精盐、味精 ······· 各少许

鸡精、泡打粉 ··· 各少许

做法

1. 把面粉、玉米面、泡打粉放容器内拌匀，加上适量的温水和成软面团，盖上湿布饧10分钟；干白菜泡软，挤去水分，剁碎。

2. 猪肉末加入料酒、精盐、酱油、味精、鸡精、葱末、姜末、水发海米搅匀，再加入干白菜末拌匀成馅料。

3. 面团搓成长条，揪成15个大小均匀的面剂，按扁、略擀，包入馅料，制作成包子生坯，放入蒸锅内，用旺火足汽蒸15分钟至熟，取出装盘即成。

红油鸭掌

材料

鸭掌	8只	精盐、鸡精	各1小匙
黄瓜	1/2根	白糖、米醋	各少许
辣椒	2个	辣椒油（红油）	1大匙
蒜末	15克	香油	2小匙

鸭掌　红油味　60分钟

做法

1. 黄瓜洗净，沥净水分，切成大片；辣椒去蒂、去籽，洗净，切成小片。

2. 鸭掌用清水浸泡并洗净，放入清水锅内烧沸，转小火煮至熟嫩，捞出、晾凉。

3. 将熟鸭掌去掉骨头，与辣椒片和黄瓜片一同放入容器内。

4. 加入蒜末、辣椒油、香油、精盐、鸡精、白糖、米醋拌匀，装盘上桌即成。

豉香鸡翅

🍗鸡翅　🍲豉香味　⏰30分钟

材 料

鸡中翅 ………… 500克
蒜末 ………… 10克
精盐 ………… 1小匙
豆豉 ………… 3大匙
酱油 ………… 1大匙
料酒 ………… 4小匙
鸡精 ………… 1/2小匙
白糖 ………… 2大匙
淀粉 ………… 适量
植物油 …750克(约耗60克)

做 法

1. 鸡中翅去净绒毛,用清水洗净,沥水,加入酱油、白糖、料酒略腌,再裹匀淀粉;豆豉放入热油锅中,加入白糖炒香,盛出。

2. 净锅置火上,加入植物油烧至六成热,下入鸡中翅煎炸至金黄色,捞出、沥油。

3. 净锅复置火上,加入少许植物油烧热,下入蒜末炒香,加入豆豉、精盐、鸡精炒匀,放入鸡中翅煎炒至入味,出锅装盘即成。

材料

净猪大肠	500克	白糖	1小匙
干红辣椒	100克	酱油	2小匙
姜片、蒜片	各10克	料酒	1大匙
花椒粒	20克	植物油	适量
精盐、鸡精	各1小匙		

辣子肥肠

猪大肠 ／ 香辣味 ／ 60分钟

养生功效

猪大肠有润燥、补虚、止渴等功效，而干红辣椒辛辣，可促进食欲、暖肠胃、祛痰等，两者搭配制作成菜食用，既能补益脾胃，又可祛除寒气。

做法

1. 猪大肠洗净内外污物和杂质，放入清水锅中煮至熟，捞出、晾凉，切成小块。

2. 净锅置火上烧热，加上植物油烧至七成热，下入大肠块略炸，捞出、沥油。

3. 锅留底油烧热，放入姜片、蒜片炒香，加上干红辣椒、花椒粒炒至变色。

4. 放入大肠块翻炒片刻，加入料酒、酱油、白糖、鸡精炒至入味，出锅装盘即成。

锅煎鳜鱼

🍳 鳜鱼肉　🍲 鲜咸味　⏱ 30分钟

材料

鳜鱼肉 ·············· 150克

猪肥膘肉 ··········· 200克

青菜叶 ················· 数片

鸡蛋清 ················· 2个

香葱粒 ················ 15克

姜末 ··················· 10克

精盐、白糖 ····· 各1小匙

味精 ··················· 1小匙

花椒粉 ············ 1/2小匙

面粉、淀粉 ····· 各3大匙

植物油 ·············· 500克

做法

1. 鳜鱼肉切成厚片；猪肥膘肉放入清水锅中煮至七分熟，取出，切成厚片；青菜叶焯水，切成鱼肉片大小。

2. 碗中放入鸡蛋清1个，加入少许淀粉、花椒粉、香葱粒、姜末、精盐、白糖、味精搅拌均匀成蛋清糊。

3. 将鱼肉片、猪肥膘肉片放入蛋清糊中挂匀，以猪肥膘肉片为底，依次放上鱼肉片、青菜片，叠成3层。

4. 鸡蛋清、淀粉、面粉、清水调成糊状，放入叠片挂匀糊，放入烧热的油锅内煎至黄色，出锅装盘即成。

茶树菇猪心汤

🥩猪心　🍲蒜鲜味　⏰35分钟

材料

猪心·················· 200克
油菜·················· 100克
小番茄················ 50克
茶树菇················ 30克
葱花、姜片········ 各少许
精盐、味精··· 各1/2小匙
酱油·················· 1大匙
大蒜油··············· 1小匙
料酒、植物油··· 各2大匙
高汤················· 1000克

做法

1. 猪心去掉白色杂质和血污，洗净，切成大片；茶树菇用温水浸泡至涨发，换清水洗净，沥水；小番茄一切两半；油菜去根，择洗干净。

2. 净锅置火上，加上植物油烧至六成热，下入葱花、姜片炝锅出香味，放入猪心片翻炒，烹入料酒，加入酱油炒至上色。

3. 倒入高汤，放入茶树菇、精盐煮沸，下入小番茄、油菜煮5分钟，加入味精，淋入大蒜油即可。

萝卜羊肉粥

🐷 鸡胸肉 　🍲 鲜咸味 　⏰ 2小时

材料

羊后腿肉 ············· 250克
大米 ················· 150克
胡萝卜 ··············· 100克
青萝卜 ················ 75克
香菜 ················· 50克
精盐 ················· 2小匙
胡椒粉 ··············· 1小匙

做法

1. 大米淘洗干净，放入清水中浸泡1小时；香菜择洗干净，切成小段；羊后腿肉洗净，切成小块；胡萝卜、青萝卜分别洗净，切成小丁。

2. 净锅置火上，加入适量清水烧沸，下入羊肉块煮约5分钟，撇去浮沫，再用中火煮20分钟。

3. 倒入淘洗好的大米煮10分钟，加上胡萝卜丁、青萝卜丁、精盐和胡椒粉，续煮约15分钟成黏稠状，撒上香菜段，出锅装碗即成。

完美宴客菜

Part 3
六菜一汤一主食

熘酥鱼脯

材料

草鱼肉	400克	鸡精、白胡椒	各少许
红辣椒	20克	白糖、料酒	各1大匙
姜末、葱末	各少许	老抽、酱油	各适量
蒜末、花椒	各少许	香油、植物油	各适量

草鱼肉　鲜辣味　20分钟

做法

1. 红辣椒去蒂及籽,洗净,切成小片;草鱼肉洗涤整理干净,片成大片。

2. 草鱼片加上少许精盐和料酒拌匀,放入烧热的油锅内炸至酥香,捞出、沥油。

3. 锅中留底油烧热,爆香蒜末、红辣椒、花椒、葱末、姜末,放入草鱼片熘拌均匀。

4. 加入鸡精、白胡椒、白糖、料酒、老抽、酱油炒至入味,淋入香油即成。

木耳炒鸡块

🍗 鸡腿　🍲 鲜咸味　⏰ 30分钟

材料

鸡腿 ……… 2只(约400克)
西蓝花 ………… 100克
水发木耳 ………… 30克
胡萝卜、青蒜 … 各20克
葱花、姜末 ……… 各5克
蒜末 ………………… 5克
精盐 ……………… 1/2小匙
酱油、料酒 …… 各1大匙
白糖、米醋 …… 各1小匙
料酒 ……………… 1大匙
胡椒粉 …………… 少许
水淀粉 …………… 2小匙
植物油 …………… 适量

做法

1. 鸡腿去净绒毛,洗净、沥水,剁成大块,放入沸水锅内焯烫至透,捞出、冲净。

2. 西蓝花洗净,瓣成小朵,用沸水略焯一下,捞出、冲凉;水发木耳洗净,撕成小块;胡萝卜去皮,洗净,切成片;青蒜洗净,切成小段。

3. 净锅置火上,加上植物油烧热,下入葱花、姜末、蒜末炝锅出香味,放入鸡腿块、胡萝卜片、木耳块、西蓝花略炒。

4. 加入精盐、酱油、白糖、米醋、料酒、胡椒粉炒至入味,用水淀粉勾芡,撒入青蒜段,出锅装盘即成。

金牌沙茶骨

🍖猪排骨　🥄沙茶味　⏱2.5小时

材料

猪排骨	500克
蒜蓉	25克
沙茶酱	2大匙
老抽	2小匙
生抽、蚝油	各1小匙
味精、白糖	各少许
海鲜酱	少许
植物油	适量

做法

1. 猪排骨洗净，剁成小段，加入海鲜酱、沙茶酱、老抽、生抽、蚝油、味精、白糖调拌均匀，腌渍2小时。

2. 锅置火上，加入植物油烧至四成热，放入排骨段慢慢炸熟，捞出；待锅内油温升至八成热时，再放入排骨段炸至酥脆，捞出、沥油，放在盘内。

3. 锅中留少许底油烧热，放入蒜蓉、少许沙茶酱炒出香味，出锅淋在炸好的猪排上即成。

材料

羊腰 ················· 500克	精盐、料酒 ··· 各1/2小匙
香菜段 ············· 少许	豉油 ················· 2大匙
红干椒丝 ··········· 25克	淀粉 ················· 1大匙
大葱、姜丝 ········· 各15克	植物油 ··············· 750克

葱油羊腰片

羊腰 ♨ 葱辣味 ⏱ 20分钟

做法

1. 将羊腰去除内膜及腰臊，用清水洗净，切成薄片，加入精盐、料酒、淀粉调拌均匀。

2. 大葱去根和老叶，洗净，切成细丝，放入烧热的油锅内煸炒出香味，出锅、晾凉成葱油。

3. 锅置旺火上，加入植物油烧至四成热，下入羊腰片滑散至熟，捞出、沥油，装入盘中。

4. 豉油浇在羊腰片上，撒上姜丝、红干椒丝、香菜段，淋入少许烧热的植物油，加上制好的葱油拌匀即成。

豉椒鸭掌

鸭掌　豉椒味　4小时

材料

鸭掌 ················ 600克

青椒、红椒 ······ 各50克

洋葱 ················ 25克

葱段 ················ 15克

豆豉 ················ 1大匙

料酒、蚝油 ··· 各1/2大匙

白糖 ················ 1小匙

胡椒粉 ·············· 少许

水淀粉 ·············· 少许

植物油 ·············· 2大匙

做法

1. 鸭掌放入温水中浸泡3小时，捞入清水锅内，加入葱段、料酒煮沸，改用小火煮至鸭掌刚熟，捞出、冲凉，去除老皮。

2. 青椒、红椒分别去蒂、去籽，洗净，切成菱形小块；洋葱剥去外皮，洗净，切成块。

3. 锅置火上，加入植物油烧热，下入洋葱块、豆豉炒香，加入青椒块、红椒块、鸭掌炒均匀，放入蚝油、白糖、胡椒粉调味，用水淀粉勾芡，出锅装盘即成。

燕麦煎鸡排

🐔鸡胸肉 　酸辣味 　⏱25分钟

材料

鸡胸肉 ················· 300克

燕麦片、面粉 ··· 各100克

洋葱、黄瓜 ······· 各50克

番茄 ···················· 50克

鸡蛋 ······················ 2个

精盐 ····················· 1大匙

酸甜辣酱 ·············· 1大匙

柠檬汁 ··················· 2大匙

胡椒粉 ················ 1/2小匙

植物油 ················· 750克

做法

1. 鸡胸肉洗净,切成厚片,加入柠檬汁、精盐、胡椒粉拌匀,稍腌10分钟。

2. 把番茄、洋葱、黄瓜分别择洗干净,均切成小条,摆放在盘中成配菜;鸡蛋磕在碗内打散成鸡蛋液。

3. 锅置火上,加入植物油烧热,将鸡肉片沾匀面粉,拖上鸡蛋液,再裹匀燕麦片成生坯。

4. 把生坯放入油锅中煎至金黄色,取出,切成长条,码放在盘中,带酸甜辣酱、配菜盘上桌即成。

四宝上汤

里脊肉 ~ 鲜咸味 · 25分钟

材料

猪里脊肉	200克	高汤	750克
白菜	150克	精盐、料酒	各1小匙
水发海参	100克	味精	1/2小匙
金针菇、香菇	各100克	胡椒粉	少许

做法

1. 水发海参择洗干净,切成大片;香菇用温水浸泡至软,去蒂,切成小块;金针菇洗净,放入沸水锅内焯烫一下,捞出;白菜去根和老叶,洗净,切成小条。

2. 猪里脊肉洗净,切成片,加上少许精盐、淀粉拌匀,腌10分钟,放入汤锅内余烫一下,捞出。

3. 净锅置火上,倒入高汤烧沸,分别放入猪肉片、海参、白菜、金针菇和香菇余烫一下,捞出,放在汤碗内;把锅内汤汁加入调料煮沸,离火倒入汤碗内即成。

三鲜疙瘩汤

面粉 ● 酸甜味 ● 20分钟

材料

面粉 ·················· 150克
菠菜 ·················· 100克
银耳、木耳 ····· 各10克
精盐 ··················· 1小匙
白糖 ··················· 2小匙
番茄汁 ·············· 1大匙
橙汁 ··················· 少许
鸡汤 ·················· 500克

做法

1. 银耳、木耳用温水泡至回软,择洗干净,撕成小片;菠菜择洗干净,切成2厘米长的小段。

2. 将面粉75克放入容器内,加入番茄汁搅成均匀的小面疙瘩;余下的面粉放入另一容器内,加入橙汁搅成均匀的小面疙瘩。

3. 锅中加入鸡汤烧沸,下入小面疙瘩搅散,用中火烧沸,再下入银耳片、木耳片、菠菜段、白糖、精盐煮至熟,出锅盛入汤碗内,上桌即成。

养生功效

疙瘩汤是传统风味小吃,根据食材、汤汁的不同,其种类也比较繁多。疙瘩汤可以使面粉中的多种营养素保存在汤汁中,可以很好地避免面食中营养的损失,营养更丰富、味道更鲜美。

冰糖冬瓜爽

材料

冬瓜	300克	冰糖	4小匙
柠檬片	25克	糖桂花	1小匙
蜂蜜	1大匙		

🍲 冬瓜 🥣 甜香味 ⏱ 60分钟

做法

1. 冬瓜去皮及瓤,挖成小球,放入沸水锅中煮10分钟,捞出、过凉,沥水。

2. 净锅置火上烧热,加入适量清水,放入冰糖熬煮至溶化。

3. 加入蜂蜜、糖桂花搅拌均匀,出锅倒入容器中晾凉成味汁。

4. 将冬瓜球、柠檬片放入味汁中腌泡片刻,送入冰箱冷藏,食用时取出即成。

蚝油牛肉丝

🐄牛肉　🍲蚝油味　⏰20分钟

材料

牛肉 ················ 350克
平菇 ················ 100克
胡萝卜 ··············· 25克
姜丝 ·················· 5克
白糖、料酒 ······ 各1小匙
酱油 ·············· 1大匙
蚝油、水淀粉 ··· 各2小匙
香油 ············· 1/2小匙
植物油 ············· 适量

做法

1. 将平菇去蒂、洗净，撕成细条，放入沸水锅内焯烫一下，捞出、沥水；胡萝卜去皮、洗净，切成丝。

2. 牛肉去筋膜，切成细丝，加入少许酱油、水淀粉拌匀、上浆，下入热油锅中滑散、滑熟，捞出、沥油。

3. 锅中留少许底油烧热，下入姜丝炒香，放入胡萝卜丝、平菇条、牛肉丝略炒。

4. 添入少许清水，加入酱油、白糖、料酒、蚝油炒至入味，用水淀粉勾芡，淋入香油，出锅装盘即成。

材料

带鱼	1条	料酒	1大匙
鲜姜	1块	五香粉	少许
精盐	1小匙	植物油	3大匙

香煎带鱼

带鱼 · 鲜咸味 · 2分钟

养生功效

带鱼为硬骨鱼纲鲈形目带鱼科带鱼属，其脂肪含量高于一般鱼类，且多为不饱和脂肪酸，这种脂肪酸的碳链较长，具有降低胆固醇的作用。

做法

1. 带鱼去头、去尾，除去内脏，洗净，在鱼身两侧剖上一字花刀，剁成大块。

2. 把带鱼块加入精盐、料酒和五香粉拌匀，腌渍10分钟；姜块去皮，切成小片。

3. 净锅置火上，加入植物油烧热，下入姜片爆出香味，整齐地放入带鱼块。

4. 用小火把带鱼块煎至两面呈金黄色时，取出、沥油，装盘上桌即成。

板栗烧丝瓜

🍴板栗 ●鲜咸味 ⏰35分钟

材料

板栗·················· 250克

丝瓜·················· 150克

水发香菇 ·············· 50克

精盐·················· 1小匙

味精·················· 1/2小匙

白糖·················· 少许

水淀粉················ 3小匙

鲜汤·················· 250克

植物油················ 500克

做法

1. 水发香菇去蒂,切成片;丝瓜去皮,洗净,切成3厘米大小的菱形片;板栗洗净,放入清水锅中煮8分钟,捞出,放入清水中浸泡,去掉内膜。

2. 锅置火上,加入植物油烧热,分别放入板栗肉、丝瓜片冲炸一下,捞出、沥油。

3. 锅内留少许底油烧热,放入板栗肉、香菇片翻炒均匀,加入精盐、味精、白糖和鲜汤烧沸。

4. 转中火烧至板栗肉软糯,放入丝瓜片翻炒片刻,用水淀粉勾薄芡,出锅装盘即成。

莲藕烧肉排

🔸猪排骨　🍵鲜咸味　⏰60分钟

材料

猪排骨 ············· 500克
莲藕 ·············· 200克
青椒、红椒 ······ 各25克
葱段、姜片 ········ 各5克
精盐 ·············· 1小匙
米醋 ·············· 2大匙
白糖 ·············· 2小匙
料酒、酱油 ······ 各适量
香油、植物油 ··· 各适量

做法

1. 猪排骨洗净，沥净水分，剁成段，加入精盐、酱油、料酒拌匀、略腌；莲藕去皮、去藕节，洗净，切成小块；青椒、红椒去蒂、去籽，洗净，切成菱形片。

2. 净锅置火上，加入植物油烧热，下入排骨段炸至金黄色，捞出、沥油。

3. 锅内留底油烧热，下入葱段、姜片爆香，烹入料酒，加入排骨块、调料和适量清水，小火烧40分钟，放入藕块烧10分钟，放入青椒、红椒片，淋入香油即成。

双冬焖面筋

●面筋　●酱香味　●20分钟

材料

面筋 ················ 150克

油菜 ················ 100克

水发冬菇 ·········· 50克

春笋 ················ 30克

胡萝卜 ·············· 20克

精盐、鸡精 ······ 各1小匙

蚝油、酱油 ··· 各1/2大匙

清汤 ················ 适量

植物油 ·············· 1大匙

做法

1. 将面筋切成大块，放入清水锅内煮约5分钟，捞出、沥水；水发冬菇、春笋、胡萝卜分别收拾干净，均切成片；油菜取嫩菜心，洗净。

2. 把净菜心放入沸水锅内，加入少许精盐焯烫一下，捞出、沥水，放在盘内围边。

3. 锅置火上，加入植物油烧热，加入面筋块、冬菇片、春笋片、胡萝卜片炒香，放入清汤、精盐、蚝油、酱油、鸡精，用小火焖至入味，出锅放在菜心上即成。

干贝冬瓜汤

冬瓜 🍲 鲜辣味 ⏰ 90分钟

材料

冬瓜	300克	精盐	2小匙
猪骨	200克	胡椒粉	1小匙
干贝	80克	料酒	2大匙
姜丝	少许		

做法

1. 将猪骨斩断,用清水洗净,放入沸水锅中焯烫一下,取出,再放入沸水锅中煮约40分钟,拣出猪骨,撇去表面杂质,离火成猪骨汤。

2. 将干贝洗净,放入温水中浸泡至涨发;冬瓜去皮、去瓤,洗净,切成小块。

3. 将煮好的猪骨汤置火上烧沸,下入干贝、冬瓜块、姜丝,再沸后改小火煮约40分钟,加入精盐、胡椒粉、料酒调好汤汁口味,出锅装碗即成。

时蔬鸡蛋饭

🕐 大米饭　🍜 鲜咸味　⏲ 15分钟

材料

大米饭⋯⋯⋯⋯⋯ 200克
水发香菇⋯⋯⋯⋯ 50克
胡萝卜、生菜 ⋯ 各适量
鸡蛋⋯⋯⋯⋯⋯⋯ 1个
植物油⋯⋯⋯⋯⋯ 1大匙
葱花⋯⋯⋯⋯⋯⋯ 2小匙
味精⋯⋯⋯⋯⋯⋯ 1小匙
精盐⋯⋯⋯⋯⋯⋯ 1/2小匙

做法

1. 将鸡蛋磕入碗中，搅拌均匀成鸡蛋液；水发香菇去蒂，洗净，切成小丁。

2. 生菜洗净，切成细丝；将香菇丁和胡萝卜丁分别下入沸水锅中焯透，捞出、沥干。

3. 炒锅置火上，加入植物油烧热，放入鸡蛋液炒至定浆，下入葱花、香菇丁、胡萝卜丁、大米饭翻炒均匀，放入精盐、味精、生菜丝炒至入味，装盘上桌即成。

养生功效

　　大米饭中含有丰富的维生素B_6，与含有丰富纤维素和植物多糖的各种蔬菜搭配制作成炒饭，既能丰富花样，又能提高饱腹感，并且可以预防贫血，促进儿童成长发育。

焦炒鱼片

⑥菜 ❶汤 ❶主食

- 焦炒鱼片
- 脆肠鸡腿菇
- 凤尾大虾
- 橙汁猪柳卷
- 烧汁茄夹
- 冬笋烧海参
- 鲜虾莼菜汤
- 扬州脆炒面

材料

净鱼肉	300克	味精、白醋	各少许
青、红椒	各25克	淀粉、料酒、酱油	各1大匙
鸡蛋	1个	香油、白糖	各1/2大匙
葱段、蒜片	各少许	鲜汤	2大匙
姜末、精盐	各少许	植物油	1000克(约耗75克)

鱼肉 咸鲜味 35分钟

做法

1. 青、红椒分别去蒂和子，洗净，切成小块；碗中加入精盐、味精、酱油、白糖和鲜汤调匀成清汁。

2. 净鱼肉洗净，擦净表面水分，切成坡刀片，放入碗中，加入少许精盐、味精、料酒、鸡蛋和淀粉搅匀挂糊。

3. 锅中加油烧至七成热，逐片下入鱼片炸至表皮稍硬，捞出，待油温升高后，再下入鱼片炸至呈金黄色时，捞出沥油。

4. 锅中加油烧热，爆香葱、姜、蒜，烹入料酒，放入青红椒块略炒，再烹入白醋，倒入清汁烧沸，放入鱼肉片，淋上香油即成。

脆肠鸡腿菇

🍴 鸡腿菇　🍚 鲜咸味　⏰ 20分钟

材料

鲜鸡腿菇 ············· 300克

脆肠 ················· 100克

荷兰豆 ··············· 50克

鲜香菇 ··············· 50克

红椒 ················· 30克

葱末、姜末 ·········· 各5克

精盐、鸡精 ········· 各适量

酱油、料酒 ········· 各适量

香油、水淀粉 ···· 各适量

植物油 ··············· 适量

做法

1. 鲜鸡腿菇、鲜香菇、荷兰豆、脆肠、红椒分别洗净，切成小片，分别放入沸水锅内焯烫至透，捞出、沥干。

2. 净锅置火上，加上植物油烧至六成热，下入鸡腿菇、脆肠、葱末、姜末略炒，加入料酒、精盐、酱油、鸡精及少许清水炒匀。

3. 放入香菇片、荷兰豆、红椒片炒至入味，用水淀粉勾芡，淋入香油，出锅装盘即成。

养生功效

鸡腿菇营养丰富、味道鲜美、口感极好，搭配脆肠、荷兰豆、香菇等制作成菜食用，有助于增进食欲、增强人体免疫力。

凤尾大虾

🍤大虾 🍵鲜咸味 ⏰30分钟

材料

大虾……………… 400克

面包渣…………… 100克

鸡蛋……………… 2个

净生菜叶………… 适量

玉米淀粉………… 3大匙

味精……………… 少许

料酒、精盐 …… 各1小匙

姜汁……………… 1小匙

植物油、香油 … 各适量

做法

1. 大虾去头，剥去虾壳，留尾，挑净沙线，从虾背处用刀片开，在断面轻剖花刀，加上精盐、料酒、味精、姜汁、香油拌匀，腌渍入味；鸡蛋放在碗内打散成鸡蛋液。

2. 把腌好的大虾逐个拍上淀粉，挂上一层鸡蛋液，蘸满面包渣，用手轻拍粘实成大虾生坯。

3. 净锅置火上，加上植物油烧至六成热，逐个放入大虾生坯炸至金黄色，捞出、沥油，码入盘中(虾尾朝外)，围上净生菜叶即成。

材 料

猪里脊肉	350克	鸡蛋	1个
面包糠	100克	精盐、胡椒粉	各1小匙
芝士片	70克	面粉、橙汁	各1大匙
菠萝	50克	沙拉酱	2小匙
鲜橙粒	25克	植物油	适量

橙汁猪柳卷

里脊肉 ～ 香甜味 ～ 30分钟

养生功效

猪里脊肉中含有丰富的蛋白质和多种氨基酸，可为人体提供优质的蛋白质，搭配菠萝、芝士等成菜食用，有强身健体，使人肌肤光泽、健美的效果。

做 法

1. 猪里脊肉片成片，加入精盐、胡椒粉拌匀，腌制片刻；菠萝、芝士分别切成小条。

2. 猪肉片中卷入菠萝条和芝士条，沾匀面粉、鸡蛋和面包糠成猪柳卷生坯。

3. 净锅置火上，加上植物油烧热，放入猪柳卷生坯炸至金黄色，捞出、码盘。

4. 将橙汁加入沙拉酱、鲜橙粒调拌均匀成味汁，浇在炸好的猪柳卷上即成。

烧汁茄夹

🍆 茄子　🍲 烧汁味　⏰ 25分钟

材料

长茄子……………… 200克

牛肉末……………… 100克

鸡蛋清……………… 1个

精盐、味精 …… 各1小匙

鸡精、香油 …… 各1小匙

烧汁、酱油 …… 各1大匙

淀粉……………… 2大匙

水淀粉、姜汁 … 各适量

植物油…………… 800克

做法

1. 长茄子去掉蒂，洗净，擦净水分，切成夹刀圆片；牛肉末放容器内，加入鸡蛋清、少许精盐、味精、鸡精、淀粉搅拌均匀成馅料。

2. 将牛肉馅酿入茄夹中，沾匀淀粉，放入烧至五成热的油锅中炸至熟，捞出、沥油。

3. 另起锅，加入适量底油烧热，放入烧汁、酱油、精盐、味精、鸡精及适量清水烧沸。

4. 加入茄夹，用小火烧至入味，用水淀粉勾芡，淋入香油，出锅装盘即成。

冬笋烧海参

海参　鲜咸味　20分钟

材料

水发海参 ············ 250克

水发冬笋 ············ 200克

精盐 ················· 1小匙

白糖 ················· 2小匙

香油 ··············· 1/2小匙

酱油 ················· 1大匙

料酒、水淀粉 ··· 各4小匙

高汤 ················· 3大匙

做法

1. 水发海参去掉内脏和杂质，用清水漂洗干净，沥去水分，切成长条；水发冬笋洗净，切成长条片，放入沸水锅内焯烫一下，捞出、沥水。

2. 净锅置火上烧热，加入高汤烧沸，下入水发海参条、水发冬笋条，用小火烧10分钟。

3. 加入精盐、白糖、酱油、料酒，继续小火烧至入味，用水淀粉勾芡，淋入香油即成。

鲜虾莼菜汤

大虾 鲜咸味 20分钟

材料

大虾	200克	鸡精	1/2小匙
莼菜	100克	淀粉	3大匙
精盐	1小匙	胡椒粉	2小匙
味精、白醋	各少许	鸡汤	750克

做法

1. 大虾去头、去壳、留虾尾，洗净，从背部开刀，挑除沙线，加上淀粉拌匀，以木棒轻轻敲打，反复数次，直至敲打成薄片为止。

2. 莼菜去根，用清水洗净，放入沸水锅内，加上少许精盐焯烫一下，捞出、沥水。

3. 坐锅点火，加入鸡汤烧沸，放入大虾片稍煮2分钟，下入莼菜，煮至虾片浮起时，加入精盐、味精、白醋、鸡精、胡椒粉调好口味，盛入汤碗里即成。

扬州脆炒面

🍜面条 🥢鲜咸味 ⏱20分钟

材料

面条·············· 250克
猪瘦肉············ 100克
虾仁·············· 50克
鲜笋·············· 40克
韭芽·············· 25克
酱油·············· 2小匙
味精·············· 1/2小匙
白糖·············· 少许
香油、清汤 ····· 各适量
淀粉、植物油 ··· 各适量

做法

1. 猪瘦肉洗净,切成细丝;鲜笋剥去外壳,切成细丝,放入沸水锅内焯烫一下,捞出;韭菜洗净,切成段。

2. 虾仁挑除沙线、洗净,放入碗中,加入淀粉抓匀、浆好,放入热油锅内滑散,捞出、沥油。

3. 锅内留少许底油烧热,放入瘦肉丝炒散,下入笋丝、韭菜段、清汤、酱油、白糖、味精炒匀,出锅成卤汁。

4. 锅中加适量植物油烧热,下入面条炸至酥脆,滗去余油,再将小碗里的卤汁倒入锅中,加入虾仁,用旺火炒至入味,淋入香油,出锅装碗即成。

蕨菜狗肉丝

6菜 1汤 1主食

- 炝蕨菜狗肉丝
- 香酥猴头菇
- 沙茶熘双鱿
- 香煎连壳蟹
- 红烧狼山鸡
- 肉圆蒸蛋
- 干贝豆皮汤
- 水煎包

材料

蕨菜	300克	精盐	1/2小匙
熟狗肉	100克	米醋、辣椒油	各1小匙
红辣椒	1个	白糖、花椒油	各2小匙
蒜末、姜末	各10克	酱油	1大匙

蕨菜 　鲜辣味 　20分钟

做法

1. 蕨菜去根,用清水漂洗干净,沥水,切成小段;红辣椒去蒂、去籽,洗净,切成细丝;熟狗肉撕成丝。

2. 将花椒油放入小碗中,加入辣椒油、蒜末、姜末、酱油、米醋、白糖调拌均匀成味汁。

3. 锅中加入清水、少许精盐烧沸,放入红辣椒丝略烫,捞出;再放入蕨菜段焯烫至熟,捞出、沥水。

4. 将蕨菜段整齐地摆放入盘中垫底,放上熟狗肉丝、红辣椒丝,浇入调好的味汁,即可上桌。

香酥猴头菇

猴头菇 · 鲜辣味 · 15分钟

材料

鲜猴头菇 ············ 300克
红椒末 ············· 30克
鸡蛋清 ············· 1个
葱花、姜片 ······ 各10克
蒜末 ············· 10克
精盐 ············· 1小匙
胡椒粉 ············ 1/2小匙
味精 ············· 2小匙
淀粉 ············· 5大匙
植物油 ············· 适量

做法

1. 鲜猴头菇去蒂、洗净,切成小块,放入沸水锅中,加入葱花、姜片煮5分钟,捞出、沥干;鸡蛋清放碗内,加上淀粉拌匀成蛋清糊。

2. 净锅置火上,加上植物烧至六成热,将猴头菇裹匀蛋清糊,下入油锅内炸至金黄色,捞出、沥油。

3. 净锅置火上,加上少许底油烧热,下入葱花、蒜末、红椒末炒出香味。

4. 加入精盐、味精、胡椒粉炒匀,离火出锅,加上炸好的猴头菇拌匀,装盘上桌即成。

材料

水发鱿鱼	250克	沙茶酱	3大匙
鲜鱿鱼	200克	鸡精、香油	各1小匙
芹菜	75克	淀粉	1大匙
红辣椒	25克	植物油	2大匙

沙茶双鱿卷

鱿鱼 ～ 沙茶味 20分钟

养生功效

鱿鱼除了富含蛋白质及人体所需的氨基酸外，还含有大量的牛磺酸，可抑制血中的胆固醇含量，预防成人病，缓解疲劳，恢复视力，改善肝脏功能。

做法

1. 鲜鱿鱼、水发鱿鱼去内脏及外膜，洗净，内侧剞上交叉花刀，再切成大块。

2. 把两种鱿鱼放入沸水锅内焯至卷曲，捞出；芹菜、红辣椒洗净，切成小段。

3. 锅中加入植物油烧热，下入芹菜段、红辣椒段和两种鱿鱼翻炒均匀。

4. 加上沙茶酱、鸡精炒匀，用水淀粉勾芡，淋入香油，出锅装盘即成。

香煎连壳蟹

海蟹 鲜咸味 20分钟

材料

海蟹 ·················· 500克

净生菜叶 ·········· 100克

葱花、姜末 ······· 各5克

精盐、味精 ··· 各1/2小匙

黄醋、酱油 ····· 各2小匙

面粉、水淀粉 ··· 各3大匙

料酒、肉清汤 ··· 各5小匙

香油 ·············· 1/2大匙

植物油 ·············· 适量

做法

1. 海蟹揭去背壳，除去蟹鳃等，剁成长方块，留下大小腿，去掉关节和脚爪，加上面粉拌匀。

2. 葱花、姜末放入小碗中，加入酱油、黄醋、料酒、味精、水淀粉、精盐和肉清汤调匀成味汁。

3. 炒锅置旺火上，加入植物油烧至七成热，下入蟹块炸至呈红色，滗去锅内余油，烹入味汁颠翻均匀，淋入香油，出锅装入垫有净生菜叶的盘中即成。

红烧狼山鸡

 狼山鸡　　鲜辣味　　40分钟

材料

净狼山鸡 ………… 半只

毛豆 ……………… 50克

葱段、姜片 ………各15克

精盐、鸡精 ………各1小匙

料酒、酱油 ………各1大匙

白糖 ……………… 2小匙

胡椒粉 …………… 1/2小匙

植物油、清汤 … 各适量

做法

1. 将狼山鸡洗净，剁成3厘米大小的块，放入容器中，加入少许精盐、酱油和料酒拌匀。

2. 净锅置火上，加入植物油烧至六成热，下入葱段、姜片和鸡块煸炒出香味，烹入料酒、酱油翻炒片刻，添入清汤烧沸。

3. 加入精盐调匀，转小火烧至鸡块熟嫩，加入毛豆、白糖、胡椒粉，转旺火收浓汤汁，出锅装盘即成。

养生功效

狼山鸡是我国著名优良肉卵兼用鸡品种，其肉柔嫩味鲜、营养丰富，有温中益气、补精添髓之功效，对虚老食少、产后缺乳、病后虚弱、营养不良等症均有一定的治疗和保健效果。

肉圆蒸蛋

🐷 五花肉　🥣 鲜咸味　⏱ 25分钟

材料

猪五花肉 ·············· 200克

熟鸡蛋 ················· 6个

火腿末 ················· 25克

豌豆粒 ················· 25克

葱花 ··················· 10克

精盐 ··················· 2小匙

淀粉 ··················· 2大匙

白酒、酱油 ·········· 各1小匙

做法

1. 猪五花肉洗净，剁成细蓉，放入大碗中，加入精盐、白酒、酱油调拌均匀；豌豆粒洗净，沥去水分。

2. 熟鸡蛋去皮，用线绳一剖为二，挖出蛋黄，取3个蛋黄压碎，放入猪肉蓉内，再加入一半的火腿末、淀粉和少许清水搅拌均匀，做成小肉圆，镶入蛋白内成肉圆。

3. 把剩余火腿末撒在肉圆上面，顶端嵌入一粒豌豆，撒上葱花，放入蒸锅中蒸至熟，出锅装盘即成。

干贝豆皮汤

干贝 · 鲜咸味 · 40分钟

材料

干贝	100克	姜块	10克
油豆腐皮	75克	精盐	1小匙
水发香菇	6朵	料酒	1大匙
黄花菜	15克	胡椒粉	1/2小匙
葱段	25克	香油	2小匙

做法

1. 干贝洗净，放在大碗内，加上葱段、姜块和适量清水，上屉旺火蒸15分钟，取出。

2. 把黄花菜放在容器内，加上适量的温水浸泡至软，捞出、去根，洗净；油豆腐皮洗净，切成小块；水发香菇洗净，去蒂，切成小片。

3. 净锅置火上，滗入蒸干贝的原汁，加入香菇片、黄花菜、油豆腐皮煮至沸，放入干贝煮至入味，放入精盐、料酒、胡椒粉调好口味，出锅盛在汤碗内，淋上香油即成。

水煎包

🌀面粉　🍵鲜咸味　⏱60分钟

材料

面粉·················· 500克
白菜·················· 250克
猪肉末·············· 200克
酵母粉·············· 10克
葱末、姜末 ······ 各少许
精盐·················· 1小匙
味精·················· 1/2小匙
酱油·················· 1大匙
料酒·················· 1/2大匙
白糖·················· 1/3小匙
香油·················· 4小匙
植物油·············· 适量

做法

1. 取少许面粉放入小碗中,加入少许清水调匀成面粉浓浆;酵母粉放入盆内,加入清水、面粉搅匀,揉搓均匀成面团,用湿布盖严,饧30分钟。

2. 白菜去掉菜根和老叶,洗净,下入沸水中烫至透,捞出、冲凉、剁碎,挤干水分,加入猪肉末、葱末、姜末、精盐、酱油、料酒、白糖、香油、味精搅成馅料。

3. 把面团搓成长条,每25克下1个面剂,擀成圆皮,包入少许馅料,捏褶收口成包子生坯。

4. 平底锅加上植物油烧热,摆入包子生坯,淋入清水、面粉浆,盖严锅盖煎焖至熟,待浆水结成薄皮时,淋入少许植物油略煎,待包子底部呈金黄色时即成。

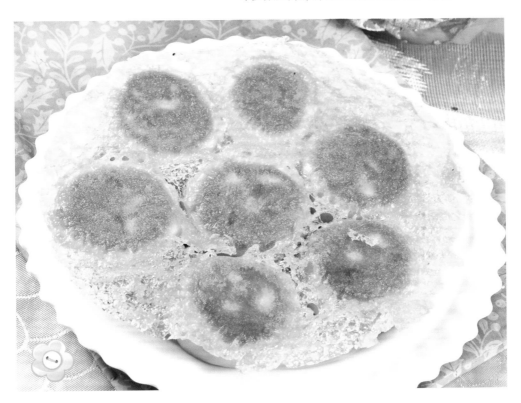

酥香炸鸡椒

 材料

鸡胸肉	200克	葱末、姜末	各15克
虾蓉馅	150克	精盐、香油	各1小匙
面包渣、面粉	各100克	料酒	2小匙
鸡蛋	2个	植物油	适量

🍖 鸡胸肉 🍲 鲜咸味 ⏲ 25分钟

做法

1. 鸡胸肉剔去筋膜，片成大片，加入葱末、姜末、精盐、料酒和香油拌匀，腌渍入味。

2. 把鸡肉片放在案板上，先抹匀一层虾蓉馅，卷成纺锤形成"鸡椒"，沾匀面粉，裹上鸡蛋液，裹匀面包渣成鸡椒生坯。

3. 净锅置火上，加上植物油烧至五成热，逐个下入"鸡椒"生坯炸至金黄色，捞出、沥油，码盘上桌即成。

脆芹拌腐竹

🌀芹菜 ☕鲜咸味 ⏰20分钟

材料

芹菜·················· 300克

水发腐竹············· 150克

蒜末·················· 10克

精盐·················· 1小匙

米醋·················· 2小匙

味精·················· 1/2小匙

香油·················· 1大匙

做法

1. 芹菜去根和叶,取嫩芹菜茎,洗净,沥去水分,切成3厘米长的小段。

2. 水发腐竹挤干水分,先从中间对剖成两半,再横切成3厘米长的段。

3. 锅置火上,加入清水和少许精盐烧沸,下入芹菜段焯烫至熟透,捞出、沥水。

4. 把腐竹段、芹菜段放入盘内,加入蒜末、米醋、味精、精盐和香油拌匀即成。

养生功效

芹菜中含有的维生素P具有降低毛细血管通透性,保护和增加小血管的抵抗力等作用,因而对高血压、血管硬化和出血性疾病有辅助治疗作用。

腊味豌豆荚

豌豆　鲜咸味　20分钟

材料

豌豆荚 ………… 300克

腊肉 ………… 100克

精盐 ………… 2小匙

味精 ………… 1小匙

白糖 ………… 1大匙

料酒 ………… 2大匙

高汤 ………… 100克

植物油 ………… 3大匙

做法

1. 将腊肉刷洗干净，装入小碗内，放入蒸锅中蒸10分钟至熟，取出、晾凉，切成小长方片；豌豆荚择洗干净，沥干水分。

2. 炒锅置火上，加上植物油烧至七成热，下入腊肉片煸炒至出油，添加高汤烧沸。

3. 烹入料酒，放入豌豆荚翻炒均匀，加入白糖、精盐炒约2分钟，放入味精炒匀，出锅装盘即成。

材料

海螺肉 ············· 250克
香菇片 ············· 100克
青菜心 ··············· 50克
葱段、蒜片 ······· 各10克
精盐 ················· 1小匙

酱油、料酒 ······ 各1大匙
白糖、米醋 ··· 各1/2大匙
水淀粉、清汤 ··· 各2大匙
熟鸡油 ·············· 少许
植物油 ·············· 适量

香菇烧螺肉

海螺 · 鲜辣味 · 一刀分钟

养生功效

香菇、青菜中含有丰富的维生素C和膳食纤维，配以营养丰富的海螺肉一起烧制成菜食用，不仅色泽美观，口味清香，还有预防感冒、帮助消化的效果。

做法

1. 海螺肉用精盐、米醋揉搓，再用清水洗净，切成小块，加入水淀粉拌匀。

2. 锅中加入植物油烧至九成热，放入海螺肉冲炸一下，倒入漏勺、沥油。

3. 锅内留底油烧热，用葱段、蒜片炝锅，加入清汤、白糖、酱油、料酒、精盐烧沸。

4. 放入香菇片、海螺块、青菜心烧3分钟，用水淀粉勾芡，淋入熟鸡油即成。

粉丝蒸扇贝

扇贝　蒜鲜味　15分钟

材料

活扇贝 ………… 10只
粉丝 ………… 25克
红辣椒末 ………… 20克
葱末、姜末 …… 各15克
蒜末 ………… 15克
精盐 ………… 1小匙
酱油、料酒 … 各1/2小匙
香油 ………… 2小匙
植物油 ………… 3大匙

做法

1. 将扇贝肉从壳中取出，除去内脏，洗净，表面剞上浅棋盘花刀，再放回洗净的扇贝壳内。

2. 粉丝用温水泡发，洗净，沥干；姜末、蒜末、红辣椒末、精盐、酱油、料酒、香油放入碗内调成味汁。

3. 在每个扇贝上放上少许水发粉丝，淋上调好的味汁，放入蒸锅中，用旺火蒸约3分钟，取出，撒上葱末，淋入酱油，浇上少许烧热的植物油即成。

养生功效

扇贝肉质鲜甜，含丰富的蛋白质及钙质，搭配粉丝、蒜蓉、辣椒等蒸制成菜，有清热生津、解毒、补中宽肠的作用，适宜脾胃虚弱、营养不良者多食。

苦瓜焖鸡腿

🐔鸡腿 🍜鲜咸味 🐻45分钟

材料

鸡腿……………… 200克

苦瓜……………… 1个

罐头菠萝………… 6片

红辣椒…………… 1根

大葱、姜块…… 各10克

精盐……………… 1小匙

鸡精…………… 1/2小匙

白糖、醪糟…… 各1大匙

酱油……………… 1大匙

植物油…………… 750克

做法

1. 将鸡腿去净绒毛，用清水洗净，剁成大块，加上少许精盐、酱油拌匀，放入烧至四成热的油锅中炸至金黄色，捞出、沥油。

2. 苦瓜去瓤、洗净，切成小块；菠萝切成小片；大葱、姜块洗净、切成丝；红辣椒去蒂、去籽，洗净，切成菱形片。

3. 锅中加上植物油烧热，下入姜丝爆香，放入鸡腿块、苦瓜块、菠萝片炒匀，加入调料和清水烧沸，转小火焖至汤汁收干，撒上葱丝，出锅装盘即成。

酸辣海参汤

海参　酸辣味　30分钟

材料

水发海参	250克	精盐	1小匙
鸡肉片	150克	味精	1/2小匙
鸡蛋皮	50克	米醋	2大匙
水发海米	10克	胡椒粉、香油	2小匙
香菜段	少许	清汤	750克
葱丝	10克	酱油、水淀粉、料酒	各适量

做法

1. 水发海参片成抹刀薄片；鸡肉片放在小碗中，加上少许料酒、精盐、水淀粉拌匀；鸡蛋皮切成象眼片。

2. 锅置火上，放上少许清汤烧沸，放入海参片、鸡肉片烫至熟，捞出，放入汤碗内，撒上葱丝、香菜段和蛋皮片。

3. 净锅复置火上，加上清汤、精盐、味精、酱油、水发海米烧沸，撇去浮沫，用水淀粉勾芡，加入米醋、胡椒粉调味，淋上香油，出锅倒在盛有海参片、鸡肉片的汤碗内即成。

鱼子黄瓜饭

🍚 大米饭　🥄 鲜咸味　⏱ 20分钟

材料

大米饭⋯⋯⋯⋯⋯ 500克

黄瓜⋯⋯⋯⋯⋯⋯ 150克

香干、蘑菇 ⋯⋯ 各100克

红鱼子⋯⋯⋯⋯⋯ 50克

葱花⋯⋯⋯⋯⋯⋯ 少许

精盐、味精 ⋯⋯ 各1小匙

料酒、植物油 ⋯ 各2大匙

熟猪油⋯⋯⋯⋯⋯ 1大匙

做法

1. 将黄瓜洗净,切成1厘米见方的小丁;香干、蘑菇分别洗净,切成小丁。

2. 炒锅置旺火上,加入熟猪油、植物油烧热,先下入葱花炒香。

3. 再加入香干、蘑菇、黄瓜丁、鱼子略炒,然后加入精盐、味精、料酒炒匀,再淋入少许沸水调匀,倒入大米饭,盖上锅盖,转小火焖3分钟,出锅即成。

养生功效

　　大米饭中含有丰富的碳水化合物,有养胃补脾的功效;搭配富含钙、磷、铁、钾等矿物质的香干、蘑菇等炒制成主食食用,可以改善肠胃功能,对肠胃不佳者有比较好的效果。

小炒鸡米

材料

鸡胸肉	250克	精盐	2小匙
冬笋、马蹄(荸荠)	各50克	味精	1小匙
菠菜梗	50克	熟鸡油、料酒	各适量
鸡蛋清	1个	水淀粉	适量
葱末	10克	植物油	500克
姜末	5克		

鸡胸肉　🥘鲜咸味　⏰25分钟

做法

1. 冬笋去壳、洗净,马蹄去皮、洗净,均切成小丁;菠菜梗洗净,切成小段,放入沸水锅中焯烫一下,捞出。

2. 料酒、精盐、味精、水淀粉放入碗中调成味汁;鸡胸肉洗净,在表面剞上浅十字花刀,切成小丁。

3. 鸡肉丁加入鸡蛋清、精盐、味精、水淀粉拌匀,放入烧至六成热的油锅内滑散、滑透,捞出、沥油。

4. 锅中留底油烧热,下入葱末、姜末炒香,放入鸡肉丁、冬笋丁、马蹄丁、菠菜梗略炒,烹入味汁炒至入味,淋入熟鸡油即成。

香菇豆腐饼

🅥 豆腐　🍜 鲜咸味　🐻 30分钟

材料

豆腐······· 400克

猪五花肉······· 100克

净菜心······· 75克

水发香菇······· 50克

玉米粒······· 30克

鸡蛋······· 2个

葱末、姜末 ······· 各15克

蒜末······· 各15克

精盐······· 1小匙

白糖、蚝油 ··· 各1/2小匙

鸡精······· 1/2小匙

辣酱油······· 1/2小匙

植物油······· 2大匙

做法

1. 猪五花肉洗净,剁成细末;水发香菇去蒂,切成小粒;鸡蛋磕在碗内,打散成鸡蛋液。

2. 豆腐放入容器中捣碎,加入猪肉末、香菇末、葱末、姜末、蒜末、玉米粒、鸡蛋液、精盐、鸡精搅拌均匀调成馅料。

3. 平底锅置火上,加入少许植物油烧热,将馅料逐个制成小圆饼,放入锅中煎至熟,取出、装盘。

4. 净锅中加入辣酱油、蚝油、精盐、白糖、少许清水烧沸,出锅淋在饼上,用焯熟的菜心围边即可。

明虾沙拉

虾仁 🍲 沙拉味 ⏱ 15分钟

材料

虾仁·················	250克
黄瓜·················	200克
青菜·················	150克
葱段·················	25克
蒜末·················	15克
精盐·················	1小匙
沙拉酱·············	2大匙

做法

1. 虾仁去除沙线，洗净，放入沸水中焯至熟嫩，捞出、冲凉，沥水。

2. 将黄瓜洗净，去皮，切成圆形小块；青菜择洗干净，留嫩叶。

3. 将虾仁、黄瓜块、葱段、蒜末、青菜叶放入容器内，加上精盐调拌均匀。

4. 青菜叶放盘内垫底，上放黄瓜块和熟虾仁，淋上沙拉酱，即可上桌食用。

材料

茼蒿	300克	精盐、味精	各1小匙
猪瘦肉	150克	水淀粉	1大匙
红椒丝	25克	植物油	600克(约耗50克)
鸡蛋清	1个	淀粉	适量
蒜末	15克		

肉丝蒿子秆

茼蒿 ✿ 鲜咸味 ✿ 20分钟

养生功效

茼蒿中含有丰富的维生素、胡萝卜素和多种氨基酸,与富含蛋白质的猪瘦肉一起制作成菜,有开胃健脾的功效,适用于头昏失眠、神经衰弱等症。

做法

1. 茼蒿去根和老叶,洗净,切成3厘米长的段;猪瘦肉切成丝,放在碗内,加入少许精盐、淀粉、鸡蛋清抓匀。

2. 净锅置火上,加入适量植物油烧至四成热,下入猪肉丝滑散、滑透,捞出、沥干油分。

3. 锅中加上植物油烧热,下入红椒丝、蒜末炒香,放入茼蒿秆、猪肉丝翻炒均匀。

4. 加入精盐、味精稍炒至入味,用水淀粉勾芡,淋入少许明油,出锅装盘即成。

蜇头爆里脊肉

里脊肉 〜
鲜咸味
一刀分钟

材料

猪里脊肉	200克	料酒、花椒水	各1大匙
水发海蜇头	100克	水淀粉	2小匙
香菜段	50克	米醋、香油	各1小匙
葱花、姜丝、蒜末	各少许	植物油	2大匙
精盐、味精	各1/2小匙		

做法

1. 将猪肉洗净,切成细丝;海蜇头切成细丝,洗净泥沙,再放入沸水锅中焯透,捞出沥干。

2. 炒锅置火上,加入植物油烧至七成热,先用葱花、姜丝、蒜末炝锅,再放入肉丝炒至变色。

3. 然后烹入料酒、米醋,加入蜇头丝、花椒水、精盐、味精炒至入味,再用水淀粉勾芡,淋入香油,撒入香菜段,即可出锅装盘

珊瑚西蓝花

◔西蓝花 ☙咸鲜味 ⏱15分钟

材料

西蓝花·············· 200克

红椒、柴鱼干 ··· 各少许

蒜末·············· 5克

蚝油·············· 2大匙

精盐、味精 ····· 各2小匙

白糖、白醋 ····· 各1大匙

香油、番茄沙司 ··· 各适量

做法

1. 西蓝花洗净,放入淡盐水中浸泡5分钟,捞出冲净,掰成小朵,再下入沸水锅中,加入柴鱼干焯熟,捞出冲凉,码入盘中。

2. 红椒洗净,去蒂及籽,切成小粒,再用沸水焯至断生,捞出沥干,撒在西蓝花上。

3. 番茄沙司用凉开水、蒜末、精盐、味精、白糖、白醋、香油调成味汁,浇在西蓝花上即可。

养生功效

西蓝花是含有类黄酮最多的食物之一。类黄酮除了可以防止感染,还是最好的血管清理剂,能够阻止胆固醇氧化,防止血小板凝结,因而减少心脏病与中风的危险。

什锦烩山药

山药 · 酸鲜味 · 20分钟

材 料

山药	200克
豌豆荚	100克
胡萝卜	75克
地瓜	50克
鲜冬菇	30克
葱末、姜末	各5克
精盐	1小匙
香醋	2小匙
清汤	750克
水淀粉	1大匙
植物油	4小匙

做 法

1. 山药、地瓜分别去皮、洗净，切成大片；鲜香菇去蒂，洗净，沥水，剞上十字花刀。

2. 胡萝卜去根、去皮，洗净，切成凤尾花刀；豌豆荚洗净，切成小段。

3. 净锅置火上，加入植物油烧热，下入葱末、姜末炒出香味，烹入香醋，倒入清汤烧沸。

4. 放入山药片、豌豆荚、胡萝卜片、地瓜片和冬菇，用中火烧烩至熟香入味，加入精盐调匀，用水淀粉勾薄芡，出锅装碗即成。

酥香白菜饼

🍲 大白菜　🍵 鲜咸味　⏱ 30分钟

材料

面粉	350克
大白菜	200克
洋葱	50克
精盐	1小匙
鸡精	1/2小匙
香油	少许
植物油	2大匙

做法

1. 大白菜、洋葱分别洗净，切成细丝，加入精盐、鸡精和香油拌匀；面粉中加少许精盐和冷水，和成面团，盖上湿布，饧10分钟。

2. 案板上撒上一层面粉，将饧好的面团擀开，刷上一层植物油，撒上调拌好的白菜和洋葱丝。

3. 卷起后压成饼状，放入平底锅中，先把一面煎上颜色，翻面后再刷上一层植物油，直至把两面煎呈金黄色，出锅、切成小块，装盘上桌即可。

完美宴客菜

Part 4

八菜一汤一主食

8 菜 1 汤 1 主食

·菠菜拌羊肝·椒油猪腰片·酸菜扒五花·豇豆炒牛肉·泡椒炒魔芋·杏仁酥虾卷·豆瓣鳜鱼·银鱼双菇蛋·萝卜海蜇汤·菊花饼

菠菜拌羊肝

材料

菠菜	200克	精盐	1小匙
羊肝	100克	米醋	2小匙
核桃仁	50克	香油	1/2小匙
蒜末、姜末	各10克	植物油	适量

菠菜　鲜咸味　30分钟

做法

1 菠菜择洗干净，放入沸水锅中略焯一下，捞出、冲凉，沥净水分，切成小段。

2 羊肝洗涤整理干净，放入沸水锅中，加入少许精盐煮至熟，捞出、沥干。

3 将熟羊肝切成小条，放在大碗内，加上菠菜段调拌均匀。

4 加入姜末、蒜末、精盐、米醋、香油拌匀，撒上炸好的核桃仁即成。

椒油猪腰片

🐷猪腰 🥢椒油味 ⏰15分钟

材料

猪腰……… 2个(约400克)

莴笋……………… 75克

胡萝卜 …………… 25克

姜丝 ……………… 15克

花椒……………… 3克

精盐……………… 1小匙

味精……………… 1/2小匙

胡椒粉…………… 少许

酱油、米醋 …… 各1大匙

香油……………… 2大匙

做法

1. 把莴笋、胡萝卜分别去根、去皮,洗净,均切成菱形片,放入沸水锅中焯烫一下,捞出、沥水。

2. 猪腰撕去皮膜,放在案板上,剖成两半,再片去白色腰膜,在剖面上直划几刀(深度为4/5),再斜刀片成梳子片,放入沸水锅中滑散至熟嫩,捞出、沥水。

3. 净锅置火上,加入香油烧至八成热,放入花椒炸至煳,拣去花椒不用,趁热倒入盛有姜丝的大碗中,浸拌几分钟出香味。

4. 加入酱油、精盐、米醋、味精、胡椒粉调匀,放入猪腰片、莴笋片、胡萝卜片拌匀,装盘上桌即成。

酸菜扒五花

五花肉 🍜 鲜咸味 ⏱ 75分钟

材料

带皮五花肉 ……… 500克

酸菜………… 150克

香葱 …………… 25克

香菜 ………… 15克

大葱段、姜片 … 各10克

精盐、鸡精 …… 各1小匙

酱油、豆瓣酱 … 各1大匙

甜面酱 ………… 4小匙

白醋、料酒 …… 各适量

水淀粉 ………… 适量

植物油 ………… 适量

做法

1. 酸菜去根,用清水浸泡并洗净,切成丝;香葱去根,洗净,切成粒;香菜取嫩叶,洗净。

2. 五花猪肉洗净,放入沸水锅内煮至八分熟,捞出,在肉皮上抹匀酱油、甜面酱,腌渍上色,放入烧热的油锅内炸上颜色,捞出、沥油,切成大片,放在大碗内。

3. 锅留底油烧热,下入葱段、姜片、豆瓣酱炒香,放入酸菜丝炒匀,加入料酒、精盐、鸡精、酱油炒至入味。

4. 出锅倒在五花肉上,放入蒸锅中蒸至熟,取出扣在盘内,淋入蒸肉的原汁,撒上香葱粒、香菜叶即成。

材料

长豇豆	250克	精盐	1小匙
牛里脊肉	150克	酱油	1大匙
红辣椒	15克	水淀粉	2小匙
蒜末	10克	植物油	3大匙

豇豆炒牛肉

鲜咸味 🍴 豇豆 ⏱ 20分钟

养生功效

长豇豆搭配牛里脊肉一起炒制成菜,长豇豆中的维生素C会与牛里脊肉中所含的蛋白质结合,可预防黑斑和雀斑的生成,美白肌肤,消除疲劳。

做法

1. 长豇豆切去头尾,洗净,切成4厘米长的小段;红辣椒去蒂、洗净,切成小段。

2. 牛里脊肉洗净,切成细丝,放入碗内,加入酱油、水淀粉拌匀,腌渍5分钟。

3. 净锅置火上,加上植物油烧至六成热,下入牛肉丝滑散至熟,捞出、沥油。

4. 锅留底油烧热,下入蒜末、红辣椒、豇豆炒熟,加入牛肉丝、精盐炒匀即成。

泡椒炒魔芋

魔芋 酸辣味 15分钟

材料

魔芋 ················· 400克
猪瘦肉 ··············· 100克
红泡椒 ··············· 50克
鲜香菇、青椒 ··· 各25克
葱丝、姜丝 ······ 各10克
精盐、鸡精 ··· 各1/2小匙
胡椒粉 ··········· 1/2小匙
辣椒油 ··············· 2小匙
植物油 ··············· 2大匙

做法

1. 魔芋用冷水浸泡并洗净，切成小条，放入沸水中焯烫一下，捞出、沥干。

2. 猪瘦肉洗净，切成细丝；鲜香菇去蒂、洗净，切成丝；青椒去蒂及籽，也切成细丝。

3. 坐锅点火，加入植物油烧热，下入红泡椒、葱丝、姜丝炒出香辣味，放入猪肉丝炒至变色。

4. 加入魔芋条、香菇丝、青椒丝炒匀，放上精盐、胡椒粉、鸡精翻炒约2分钟至熟香，淋入辣椒油炒匀，出锅装盘即成。

杏仁酥虾卷

🦐虾仁 🍲奶香味 ⏰20分钟

材 料

虾仁·················· 200克

杏仁·················· 100克

菠萝肉················ 50克

馄饨皮················ 10张

鸡蛋·················· 1个

面粉·················· 2大匙

精盐、胡椒粉 ··· 各1小匙

奶酪·················· 1大匙

植物油················ 750克

做 法

1. 虾仁洗净,切成小粒;菠萝肉切成小粒,鱼与虾仁粒一起放入容器内,加入精盐、胡椒粉和奶酪拌匀成馅料;面粉加上少许清水调匀成面粉糊。

2. 将馄饨皮包上少许的馅料,卷起后蘸上面粉糊,包成卷,蘸上鸡蛋液,再裹上一层杏仁,轻轻压实成杏仁虾卷生坯。

3. 锅置火上,加入植物油烧至六成热,下入虾卷生坯炸至两面呈金黄色时,捞出、沥油,装盘上桌即成。

豆瓣鳜鱼

鳜鱼 · 香辣味 · 40分钟

材料

活鳜鱼……… 1条(约650克)　　白醋、水淀粉 … 各4小匙

葱花、姜末 …… 各10克　　白糖…………… 1小匙

蒜末……………… 10克　　料酒、豆瓣酱 … 各2大匙

精盐、味精 … 各1/2小匙　　肉汤、植物油 … 各适量

酱油…………… 1大匙

做法

1. 活鳜鱼宰杀，洗涤整理干净，在鱼身两侧剞上十字花刀，加入少许料酒、精盐略腌，放入七成热的油锅中冲炸一下，捞出、沥油。

2. 锅留少许底油烧热，下入豆瓣酱、姜末、蒜末炒成红色，放入鳜鱼，加入料酒、生抽、肉汤煮至沸。

3. 加入白糖、精盐、味精调匀，转小火烧至鳜鱼熟透入味，出锅盛入大盘中。

4. 把锅中汤汁继续加热，用水淀粉勾芡，淋入白醋，撒入葱花，出锅浇在鳜鱼上即成。

银鱼双菇蛋

🐟银鱼 🍲鲜咸味 ⏰15分钟

材料

银鱼 ················ 100克

鸡蛋 ················ 3个

草菇 ················ 30克

金针菇 ·············· 20克

精盐 ················ 少许

料酒 ················ 1/2小匙

豉油汁 ·············· 适量

植物油 ·············· 适量

做法

1. 把鸡蛋磕入大碗中, 加入精盐、料酒、少许植物油、清水搅拌均匀, 放入蒸锅内, 用旺火蒸约4分钟成鸡蛋羹, 取出。

2. 银鱼洗净, 沥干水分; 草菇去蒂, 洗净, 切成小片; 金针菇去蒂, 洗净, 切成小段, 均撒在鸡蛋羹上。

3. 把鸡蛋羹放入蒸锅内, 继续蒸约5分钟至熟嫩, 取出, 淋上烧热的豉油汁、植物油, 即可上桌食用。

养生功效

银鱼中含有丰富的蛋白质、叶酸等, 鸡蛋、草菇等为营养丰富的滋补食材, 用银鱼与鸡蛋等一起蒸制成菜, 有非常好的明目益眼的效果, 也适合老年人用于温补健身。

材料

白萝卜	300克	葱花	10克
水发海蜇	200克	精盐、鸡精	各1小匙
瘦猪肉	100克	料酒、植物油	各1大匙
姜丝	15克	鲜汤	750克

萝卜海蜇汤

白萝卜 鲜咸味 60分钟

做法

1. 萝卜去皮、洗净,切丝,加入精盐腌出水分,洗净、沥水;猪瘦肉洗净,切成丝,放入沸水锅内焯烫一下,捞出。

2. 锅中加入清水烧沸,放入水发海蜇焯烫一下,捞出、沥干,放入清水中浸泡20分钟以去除盐分,捞出、沥水。

3. 锅中加入植物烧至六成热,下入姜丝炒出香味,放入白萝卜丝、猪肉丝煸炒片刻,烹入料酒,添入鲜汤煮沸。

4. 转小火煮10分钟,加入精盐、鸡精调好口味,放入水发海蜇丝,撒入葱花,出锅盛入汤碗中即成。

葱花饼

面粉 · 葱香味 · 30分钟

材料

材料	
面粉	500克
大葱	150克
精盐	2小匙
味精	1小匙
熟猪油	2大匙
植物油	3大匙

做法

1. 面粉放在小盆内，加上少许温水、精盐和成比较软的面团；大葱去根和老叶，洗净，切成葱花。

2. 面团揪成5个大小相同的面剂，擀成长方形片，刷上熟猪油，撒匀葱花和味精，顺长卷成卷，抻长，由两头对盘起来，到中间时一上一下摞起来按扁，擀成圆形生坯。

3. 平底锅置火上，刷上植物油烧热，放入葱花饼生坯，用小火反复烙至熟，取出装盘即成。

红焖小土豆

材料

小土豆	500克	酱油、白糖	各1/2小匙
猪肉	100克	辣椒粉	1/2小匙
尖椒	50克	醪糟	2小匙
八角	2粒	植物油、香油	各适量
精盐、鸡精	各1/2小匙		

🌐 小土豆　🍲 鲜咸味　⏱ 20分钟

做法

1. 猪肉去掉筋膜，洗净，切成厚片；小土豆去皮，洗净，沥干水分；尖椒去蒂、去籽，洗净，切成小片。

2. 锅置火上，加入植物油烧热，下入猪肉片煎至出油，加入八角、辣椒粉、醪糟、酱油、鸡精、精盐、白糖和适量清水煮至沸。

3. 放入小土豆，转小火焖煮至熟，加上尖椒片，转旺火收汁，淋上香油，出锅装盘即成。

醉腌三黄鸡

🐔 三黄鸡 🍵 酒香味 🕐 24小时

材料

净三黄鸡 ·············· 1只
葱段 ················· 25克
姜片 ················· 15克
花椒 ·················· 5克
精盐 ················· 2小匙
黄酒 ················· 5大匙

做法

1. 将三黄鸡收拾干净，放入沸水锅内焯烫约5分钟，捞出，用冷水过凉。

2. 锅中加入清水，放入三黄鸡、葱段、姜片煮至沸，加入少许黄酒，改用小火焖煮40分钟，捞出三黄鸡。

3. 取大碗1个，滗入煮三黄鸡的原汁，加入黄酒、精盐、花椒调匀成醉汁，放入熟三黄鸡拌匀，腌浸24小时，食用时取出，剁成大块，装盘上桌即成。

养生功效

三黄鸡中蛋白质含量较高，脂肪含量较低，还富含维生素B_{12}、维生素B_6、维生素A、维生素D等，对营养不良、乏力疲劳、贫血、虚弱等有很好的食疗作用。

材料

黄鳝	300克	豆瓣酱	1大匙
茄子	150克	白糖、米醋	各2小匙
葱末	10克	醪糟、水淀粉	各适量
姜片、蒜片	各15克	酱油、植物油	各适量

黄鳝茄子煲

🔹 黄鳝 ～ 香辣味 🕐 60分钟

养生功效

黄鳝中含有丰富的蛋白质和矿物质等, 茄子是为数不多的紫色蔬菜, 搭配成菜食用, 对高血压、动脉硬化、咯血及坏血病患者均有益处。

做法

1. 黄鳝去掉内脏和杂质, 用清水洗净, 切成段, 加入酱油、醪糟拌匀, 腌10分钟; 茄子去蒂、去皮, 洗净、切成块。

2. 净锅置火上, 加入植物油烧至六成热, 分别放入黄鳝段、茄子块炸至熟, 捞出、沥油。

3. 锅中留少许底油烧热, 爆香姜片、蒜片, 放入黄鳝段、茄子块、白糖、米醋、酱油、醪糟、豆瓣酱炒匀。

4. 离火盛入干净的砂煲中, 用小火焖约10分钟至鳝段、茄子入味, 撒上葱末, 离火上桌即成。

干烧黄鱼

🐟 黄花鱼　🍵 鲜辣味　⏱ 40分钟

材料

黄花鱼… 1条（约400克）

五花猪肉 ………… 40克

雪里蕻 ………… 25克

干红辣椒段 ……… 20克

葱段、姜片 …… 各10克

花椒 ……………… 3克

料酒、酱油 …… 各2大匙

味精、葱油 …… 各适量

白糖、植物油 … 各适量

清汤 …………… 适量

做法

1. 黄花鱼去鳞、去鳃，用两根筷子从鱼嘴搅出内脏，洗净，两侧剞上花刀，加入少许酱油腌渍一下；五花猪肉切成小粒；雪里蕻洗净，切碎。

2. 锅置火上，加入植物油烧至八成热，放入黄花鱼炸至金黄色，捞出、沥油。

3. 锅留少许底油烧热，下入葱段、姜片、花椒、辣椒段、五花肉、雪里蕻炒香，加入调料、清汤、黄花鱼烧至熟嫩，用旺火收汁，淋入葱油，出锅装盘即成。

①

②

③

红油扁豆

扁豆 红油味 15分钟

材料

扁豆·················· 400克

姜末·················· 10克

红干辣椒段········· 15克

精盐·················· 1小匙

味精·················· 1/2小匙

植物油··············· 2大匙

香油·················· 少许

做法

1. 将红干辣椒段放入小碗中，用冷水漂洗干净，沥干水分，加入姜末拌匀。

2. 锅置火上，加入植物油烧热，出锅倒入盛有姜末、辣椒段的小碗中，用筷子搅拌均匀成辣椒油。

3. 扁豆择去两头尖角及边筋，用清水洗净，斜切成2厘米长的小段。

4. 扁豆段放入沸水锅内焯烫至熟，捞出、过凉、沥水，放入大盘中，加入精盐、味精，淋入香油、辣椒油拌匀即成。

双菇扒豆苗

Ⓝ 豌豆苗 🍵 鲜咸味 ⏱ 15分钟

材料

豌豆苗 ·············· 200克

草菇、香菇 ······ 各100克

银杏 ·············· 25克

青笋片、胡萝卜片 ··· 各15克

葱段、姜片 ········· 各5克

精盐、鸡精 ········ 各1小匙

蚝油、酱油 ······ 各少许

料酒、水淀粉 ··· 各少许

香油 ·············· 少许

植物油 ·············· 2大匙

做法

1. 草菇、香菇洗净,切成大片,放入沸水锅内焯烫一下,捞出、沥水;豌豆苗择洗干净,沥去水分,放入热油锅中炒至熟,盛入盘中垫底。

2. 净锅置火上,加入植物油烧热,放入草菇片、香菇片、葱段、姜片、胡萝卜片煸炒,再加入精盐、蚝油、酱油、料酒烧沸。

3. 放入银杏、青笋片,小火扒烧几分钟,加上鸡精,用水淀粉勾芡,淋入香油,出锅倒在豌豆苗上即成。

茶树菇排骨

排骨 / 鲜咸味 / 60分钟

材料

猪排骨	350克	酱油	1小匙
茶树菇	100克	鸡精	1/2小匙
芦笋段、花生	各50克	料酒	1大匙
葱段、姜丝	各10克	植物油	3大匙
精盐、白糖	各1小匙		

做法

1. 猪排骨洗净血污,沥净水分,剁成大小均匀的小段;茶树菇用温水泡透,择洗干净,沥去水分。

2. 锅中加入植物油和白糖炒溶化,放入排骨段煸炒至上色,加入料酒、酱油、精盐炒匀,盛出。

3. 锅内加入少许植物油烧热,下入葱段、姜丝煸炒出香味,放入茶树菇,加入适量清水。

4. 放入花生和煸炒的排骨段烧沸,出锅倒入砂锅中焖30分钟,再放入芦笋段焖5分钟即成。

烧千层羊肉

🟠羊肋肉 🍵鲜咸味 🐻75分钟

材料

羊肋肉 …………… 750克
酸菜 ……………… 15克
西蓝花 …………… 100克
葱段、姜片 ………各15克
八角 ……………… 3个
精盐 ……………… 2小匙
味精、鸡精 ……… 各1小匙
酱油 ……………… 2大匙
水淀粉 …………… 1大匙
香油 ……………… 2小匙
植物油 …………… 适量

做法

1. 西蓝花瓣成小朵,洗净,放入加有精盐和植物油的沸水锅中焯透,捞出、沥水;酸菜切成丝,放入热油锅中,加入精盐、味精、鸡精、酱油翻炒均匀,出锅。

2. 羊肋肉洗净,切成大块,放入清水锅内,加上葱段、姜片、八角煮沸,转小火煮至熟,捞出羊肉、晾凉。

3. 羊肉切成长10厘米、宽5厘米的薄片,皮朝下码放碗中,放入酸菜丝,加入少许煮肉原汤,放入蒸锅中,用旺火蒸约15分钟,取出。

4. 蒸好的羊肉倒入净锅中烧沸,转小火烧5分钟,用水淀粉勾薄芡,淋入香油,出锅装盘,摆上西蓝花即可。

材 料

净鱼肉 ·············· 200克　　精盐 ·············· 1小匙

鲜蘑菇 ·············· 50克　　淀粉 ·············· 1大匙

嫩蕨菜、油菜心 ··· 各30克　　蚝汁 ·············· 2大匙

胡萝卜 ·············· 20克　　高汤、植物油 ··· 各适量

什锦鱼蔬汤

🐟鱼肉　鲜咸味　⏱45分钟

养生功效

鱼肉中富含多种营养素，搭配含有多种维生素和矿物质的蔬菜煮制成汤，有滋补强身、补虚养肾的效果，可治疗遗精、盗汗、夜多小便等症。

做 法

1. 把净鱼肉切成大块，拍上淀粉，下入热油锅中炸至金黄色，捞出、沥油。

2. 鲜蘑菇、嫩蕨菜、油菜心分别择洗干净；胡萝卜去皮、洗净，切成花片。

3. 锅置火上烧热，加入高汤、精盐、蚝汁煮沸，下入鱼肉块，中火煮约30分钟。

4. 加入蘑菇、蕨菜、油菜心、胡萝卜片，转小火续煮5分钟，出锅装碗即成。

煎饼春盒

🍳面粉 🍲鲜咸味 ⏰30分钟

材料

面粉 …………………… 250克

熟猪肉丝 …………… 200克

绿豆芽、韭菜 …… 200克

鸡蛋 …………………… 2个

水发海米 …………… 25克

精盐、味精 …… 各1小匙

鸡精 ………………… 1小匙

香油 ………………… 2小匙

植物油 ………………… 适量

做法

1. 面粉加入鸡蛋、少许精盐和适量清水调成稀糊；韭菜洗净，切成小段；绿豆芽掐去两端，洗净、沥水。

2. 净锅置火上，加上植物油烧热，加入熟猪肉丝、绿豆芽、水发海米、韭菜段、精盐、鸡精、味精和香油炒匀，出锅成馅料。

3. 锅中刷上植物油烧热，用手勺将稀糊舀入锅内，摇动锅摊匀成薄圆饼，取出，包入馅料成盒状。

4. 净锅复置火上，刷上少许植物油烧热，放入饼盒坯，烙至两面呈金黄色时，取出装盘即成。

卤水大肠

材料

猪大肠头 …… 1000克　　淀粉 …… 1大匙
葱段、姜块 …… 各15克　　白醋 …… 少许
卤水 …… 1500克　　酱油 …… 2大匙
精盐 …… 2小匙　　香油 …… 适量

猪大肠　卤香味　90分钟

做法

1. 猪大肠头去掉油脂和杂质，加上白醋、精盐和淀粉反复揉搓，再换清水洗净。
2. 净锅置火上，加上适量清水煮沸，放入猪大肠头焯烫一下，捞出、沥干。
3. 锅置火上，放入卤水、葱段、姜块、酱油、精盐、大肠煮沸，转小火煮1小时。
4. 待煮至猪大肠熟嫩，取出，趁热刷上香油，晾凉后切成小块，装盘上桌即成。

156

姜汁海蜇卷

海蜇皮　　姜汁味　　90分钟

材料

水发海蜇皮 ········· 300克

大头菜叶 ·········· 200克

鲜姜汁 ··········· 100克

精盐 ············· 2大匙

白醋 ············· 少许

味精 ············· 1大匙

白糖 ············· 2小匙

做法

1. 将水发海蜇皮洗净杂质，切成细丝，再用淡盐水浸泡30分钟，捞出、沥水；大头菜叶洗净，用沸水烫至软，捞出、冲凉、沥水。

2. 将适量蜇皮丝包入菜叶中，用手卷好，以棉绳捆牢，包成12个5厘米长、2厘米宽的海蜇卷。

3. 把鲜姜汁、精盐、味精、白糖、白醋放入大碗中调匀成卤汁，下入海蜇卷拌匀，浸卤20分钟至入味，捞出、装盘，淋上少许卤汁即成。

养生功效

海蜇皮中含有人体需要的多种营养成分，搭配富含维生素的大头菜和具有解毒杀菌效果的姜汁成菜，适用于胃寒疼痛、食欲不振、消化不良者食用。

红烧狮子头

五花肉　鲜咸味　60分钟

材料

猪五花肉 ………… 400克

水发香菇粒 ……… 50克

水发海米碎 ……… 25克

鸡蛋 ……………… 1个

葱段、姜块 ……… 各15克

精盐、味精 …… 各1小匙

白糖 ……………… 少许

酱油、料酒 …… 各2大匙

水淀粉、香油 … 各1大匙

植物油 …………… 750克

做法

1. 猪五花肉剁成蓉，加入鸡蛋、料酒、精盐、香油、水发香菇粒、水发海米碎、水淀粉调匀，团成肉丸。

2. 净锅置火上，加上植物油烧至七成热，下入猪肉丸炸至稍硬，捞入砂锅内。

3. 锅中留少许底油烧热，下入葱段、姜块炒香，烹入料酒，添入清汤，加入酱油、白糖烧沸，出锅倒入砂锅中，用小火烧至熟透，捞出肉丸，放在深盘内。

4. 将原汤过滤，放入净锅中烧沸，加入精盐、味精调匀，用水淀粉勾芡，出锅浇在肉丸上即成。

材料

大虾	6只	淀粉	2大匙
猪肉末	200克	精盐	1小匙
面粉糠	100克	陈醋	2小匙
鸡蛋	2个	香油、白糖	各1大匙
葱花、姜末	各5克	植物油	1000克

枇杷大虾

大虾 鲜咸味 60分钟

养生功效

口味清香、营养丰富的大虾搭配猪肉末成菜，能补气健胃，壮阳补精，具强身延寿之功能，主治神经衰弱、肾虚阳痿、脾胃虚弱、疮口不愈等症。

做法

1. 大虾去头、去壳，留虾尾，除泥肠，腹部划一刀，加入精盐、料酒拌匀，腌30分钟，擦干水分。

2. 猪肉末放入容器中，放入葱花、姜末拌匀，再加入精盐、陈醋、白糖和香油调匀成馅料。

3. 把馅料分成6等份，包住大虾(留虾尾)，修整成枇杷状，再依序裹匀淀粉、鸡蛋和面包糠成枇杷虾生坯。

4. 锅置火上，加入植物油烧至六成热，下入生坯炸至色泽金黄，捞出、沥油，装盘上桌即成。

牙签羊肉

羊腿肉 🥢 孜然味 🍵 40分钟

材 料

羊腿肉 ……………… 400克

芝麻 ……………… 25克

鸡蛋 ……………… 1个

姜末、孜然 …… 各适量

辣椒粉、精盐 … 各适量

嫩肉粉、味精 … 各适量

鸡精、胡椒粉 … 各适量

淀粉、香油 …… 各适量

料酒 ……………… 适量

植物油 ……………… 750克

做 法

1. 鸡蛋磕在碗内,打散成鸡蛋液;羊后腿肉洗净,去除筋膜,切成小块,加上姜末、孜然、辣椒粉、精盐、味精、鸡精、胡椒粉拌匀。

2. 再加入料酒、鸡蛋液、嫩肉粉、淀粉和芝麻搅拌均匀,腌渍30分钟至入味,用牙签穿起成小串。

3. 净锅置火上,加入植物油烧至六成热,下入穿好的羊肉炸至金黄色,捞出、沥油,装盘上桌即成。

养生功效

　　羊腿肉可以补气血和温肾阳,姜末、孜然等有祛风、止痛作用,搭配炸制成菜,不仅可以去除羊腿肉的腥膻气味,而且有助于羊腿肉驱寒的效果,对胃寒、腹痛有比较好的效果。

脆香鸭舌

🦆 鸭舌 🍚 鲜咸味 ⏰ 45分钟

材料

鸭舌…………………… 400克

熟芝麻…………………… 少许

葱末、姜末 …………… 各25克

花椒…………………………… 3克

八角、香叶 …………… 各少许

精盐…………………………… 1/2小匙

味精…………………………… 1小匙

淀粉…………………………… 3大匙

植物油………………………… 适量

做法

1. 把鸭舌洗涤整理干净,放入清水锅中烧沸,焯烫出血水,捞出、沥水。

2. 锅中加上植物油烧热,下入葱末、姜末炒香,添入清水,加入精盐、味精、花椒、八角、香叶烧沸。

3. 放入鸭舌,用中火煮10分钟,关火后焖20分钟,捞出、沥干,拍匀淀粉。

4. 锅中加入植物油烧至七成热,下入鸭舌炸至金黄色,捞出、沥油,码入盘中,撒上熟芝麻即成。

椿芽煎蛋饼

鸡蛋·鲜咸味·一〇分钟

❶

❷

❸

材 料

鸡蛋	6个(约400克)	胡椒粉	少许
香椿	150克	水淀粉	2小匙
精盐	1小匙	清汤	3大匙
味精	1/2小匙	植物油	4大匙

做 法

1. 将香椿去根和老叶，取香椿嫩芽，用淡盐水浸泡并洗净，捞出、沥水，切成小段，加入精盐、味精、胡椒粉、水淀粉、鸡蛋液搅拌均匀。

2. 坐锅点火，加入植物油烧至六成热，慢慢倒入鸡蛋液摊成大圆饼，待一面煎熟后翻面，继续煎至蛋饼熟透。

3. 然后添入清汤，盖上锅盖，煎烧约2分钟至汤汁进入蛋饼中，取出蛋饼，切成小块，装盘上桌即成。

粉蒸牛肉

牛肉　鲜辣味　90分钟

材料

牛肉……………… 500克
五香米粉………… 100克
香菜……………… 30克
姜末、蒜泥…… 各10克
精盐……………… 1小匙
味精……………… 少许
干辣椒粉………… 少许
花椒粉、料酒… 各2小匙
酱油、豆瓣…… 各1大匙
腐乳汁…………… 2大匙
清汤、植物油… 各适量

做法

1. 牛肉去掉筋膜，洗净血污，沥净水分，切成薄片；香菜择洗干净，切成碎末。

2. 碗中放入腐乳汁、花椒粉、豆瓣、姜末、酱油、料酒、清汤、味精、牛肉片搅拌均匀。

3. 再加入五香米粉、植物油拌匀，腌渍10分钟，装入小盆内，放入蒸锅内蒸至熟烂，取出。

4. 将蒸烂的牛肉用筷子搅松，盛入盘内，撒上干辣椒粉、蒜泥、香菜末，即可上桌食用。

材料

净鲤鱼肉	500克	精盐	1小匙
冬笋	100克	味精、胡椒粉	各1/2小匙
鸡蛋清	2个	料酒	1大匙
青蒜苗、香菜段	各10克	淀粉、熟猪油	各2大匙
姜片、葱段	各15克	鲜汤	适量

清鲜鱼肉汤

鲤鱼肉 · 鲜咸味 · 30分钟

养生功效

鲤鱼肉中含有丰富的不饱和脂肪酸，对人体的血液循环非常有利，搭配冬笋等熬煮成汤羹食用，有养五脏、益脾胃、暖心去痛等食疗功效。

做法

1. 鲤鱼肉洗净，带皮切成0.5厘米厚的大片，加入鸡蛋清、料酒、精盐、味精和淀粉抓匀、上浆。

2. 将冬笋去根，取嫩冬笋尖，用清水洗净，切成薄片；青蒜苗择洗干净，切成3厘米长的小段。

3. 锅置火上，加入熟猪油烧至六成热，下入姜片、葱段炸香，添入鲜汤煮5分钟，下入鱼肉皮片、冬笋片，用中火煮至熟透。

4. 加入少许精盐、味精、胡椒粉调好口味，撒上少许蒜苗段、香菜段，出锅装碗即成。

八鲜面

😋 面粉　🍲 鲜咸味　⏱ 30分钟

材料

面粉·················· 500克

黄瓜·················· 150克

猪瘦肉··············· 125克

蒲菜··················· 50克

熟笋、青豆······ 各25克

水发海米············ 25克

熟鸡胸肉············ 25克

蒸鸡蛋糕············ 25克

精盐··················· 1大匙

味精················· 1/2小匙

猪肉汤············· 1000克

做法

1. 面粉放入盆内,加入适量清水和成面团,擀成细面条,放入清水锅内煮至熟,捞出面条,盛入面碗内。

2. 猪瘦肉洗净,切成小丁,放入沸水锅内焯烫一下,捞出、沥水;蒸鸡蛋糕、熟笋、熟鸡胸肉、黄瓜均切成丁;蒲菜洗净,切成小段。

3. 另起锅,加入肉汤、水发海米、青豆、熟笋丁、蛋糕丁、黄瓜丁、蒲菜段煮沸,加入精盐、味精、猪肉丁、熟鸡肉丁调匀成卤汁,出锅浇入面条碗内即成。

卤味千层耳

8 菜 1 汤 1 主食

·卤味千层耳·风味浸香鱼·口蘑咖喱鸡·油焖对虾·干菜焖猪肉·酱焖茄子·苦瓜蒸鲈鱼·剁椒娃娃菜·时蔬大鹅汤·灌汤煎饺

GOOD

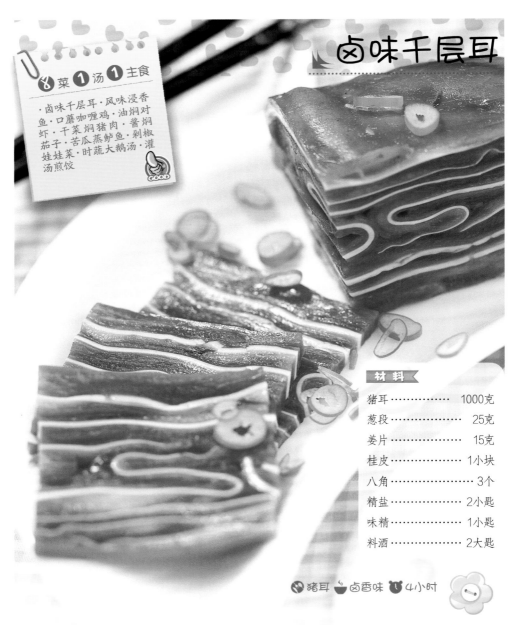

材 料

猪耳	1000克
葱段	25克
姜片	15克
桂皮	1小块
八角	3个
精盐	2小匙
味精	1小匙
料酒	2大匙

🐷猪耳　🍲卤香味　⏲4小时

做 法

1 猪耳刮净皮面,切去耳根,放入沸水锅内焯烫一下,捞出、过凉。

2 锅中加入清水,放入葱段、姜片、桂皮、八角、精盐、味精和料酒煮沸成卤汁。

3 放入猪耳煮沸,改用小火煮约1小时至熟嫩,捞出猪耳,叠放在方盘内。

4 方盘内浇上少许卤汁,用重物压实,冷却,食用时取出,切成薄片,装盘即成。

风味浸香鱼

🐟草鱼 🍲五香味 ⏱60分钟

材料

净草鱼中段 …… 1000克

葱段、姜片 …… 各20克

八角 …………… 3个

酱油 …………… 3大匙

料酒 …………… 2大匙

白糖 …………… 4大匙

五香粉、精盐 … 各1大匙

味精 …………… 少许

香油 …………… 1/2大匙

植物油 ………… 750克

做法

1. 把净草鱼中段切成斜块,加上葱段、姜片、酱油、料酒和精盐拌匀,腌渍约30分钟。

2. 净锅置火上,加入植物油烧至六成热,倒入腌好的草鱼块炸至酥香,捞出、沥油。

3. 锅中加少许底油烧热,放入八角、酱油、白糖、五香粉、味精和清水煮成卤汁,离火,放入草鱼块拌匀,浸泡至入味,捞出、装盘,淋上香油和少许卤汁即成。

养生功效

草鱼为营养丰富的淡水鱼之一,富含蛋白质、脂肪、维生素E、钙、铁、磷、硒等,有温暖中焦、滋补脾胃的作用,对虚劳、风虚、头痛等症有食疗保健效果。

材料

鸡胸肉	250克	精盐	1小匙
口蘑	150克	鸡精、白糖	各1/2小匙
番茄、洋葱	各25克	三花淡奶	2小匙
胡萝卜丁	少许	水淀粉	少许
青椒粒、红椒粒	各少许	咖喱粉、黄油	各1大匙

口蘑咖喱鸡

鸡胸肉 咖喱味 20分钟

养生功效

鸡胸肉、口蘑营养丰富,搭配富含维生素的各种蔬菜制作成菜,有补肝肾、益脾胃和养血补血的功效,适用于身体虚弱、消化不良、精力疲倦等症。

做法

1. 鸡胸肉去除筋膜,用清水洗净,切成小丁;番茄去蒂,洗净,切成丁;洋葱洗净,切成碎粒。

2. 口蘑洗净,在表面划几刀,放入沸水锅中焯透,捞出沥水;沸水锅内再放入鸡肉丁焯透,捞出、沥水。

3. 锅置火上,加入少许黄油炒化,放入鸡肉丁稍炒,加入精盐、口蘑、咖喱粉炒至上色。

4. 放入番茄丁、洋葱粒、胡萝卜丁、青椒粒、红椒粒、鸡精、白糖烧至熟嫩,淋入三花淡奶,用水淀粉勾芡,出锅装盘即成。

油焖对虾

🦐 对虾　🍲 鲜咸味　⏱ 20分钟

材料

对虾………… 6只(约300克)

葱末、姜末 ……… 各5克

精盐、味精 … 各1/2小匙

白糖、米醋 …… 各2小匙

料酒…………… 2小匙

香油…………… 1小匙

清汤…………… 100克

植物油 …………… 1大匙

做法

1. 把对虾剪去虾须，去掉额剑，用牙签挑去沙线、洗净，捞出、沥干，放入烧热的油锅内煸炒一下，再放入葱末、姜末炒匀。

2. 烹入料酒，添入清汤，加入精盐、味精、白糖、米醋烧沸，待汤汁快收干时，捞出对虾，码放在盘内。

3. 把锅中汤汁继续加热至沸，放入香油调匀，出锅淋在对虾上即成。

干菜焖猪肉

🍖猪肉 🥢鲜辣味 ⏱30分钟

材料

猪肉 …………… 300克

豆角干 …………… 75克

豆皮 …………… 50克

干红辣椒 …………… 5克

葱段、姜片 …… 各少许

八角 …………… 少许

精盐 …………… 1小匙

酱油、高汤 …… 各适量

胡椒粉、白糖 … 各适量

香油、植物油 … 各适量

做法

1. 将猪肉去掉筋膜，洗净，切成大片；豆皮用冷水浸泡至软，打上结；豆角干用温水浸泡至发涨，捞出、沥水，切成小段。

2. 锅置火上，加入植物油烧热，加入葱段、姜片、干红辣椒和八角炝锅出香味。

3. 放入猪肉片煸炒出油，加入酱油、精盐、豆皮结、豆角干段炒匀，放入高汤、白糖、胡椒粉，转小火焖至熟嫩，淋入香油，出锅装盘即成。

养生功效

　　猪肉片搭配豆角干、豆皮等烧焖成菜食用，可以促进胃肠蠕动，具有下气通便、清肠排毒的效果，对风湿性关节炎、痢疾、咳血等症有一定的食疗功效。

酱焖茄子

🍆长茄子　🍵酱香味　🐻20分钟

材料

长茄子 ············· 500克

葱末、姜末 ········ 各5克

蒜片 ················ 10克

精盐 ················ 1小匙

酱油、味精 ······ 各2小匙

黄酱、水淀粉 ··· 各1大匙

白糖 ················ 少许

肉汤 ··············· 150克

植物油 ············· 适量

做法

1 长茄子去蒂（不去皮），洗净，沥干水分，在茄子皮面上剞上浅十字花刀。

2 净锅置火上，加入植物油烧至六成热，下入长茄子炸约3分钟，捞出、沥油。

3 锅中留少许底油，复置火上烧热，用葱末、姜末炝锅，加入黄酱炒出香味。

4 放入肉汤、白糖、精盐和长茄子，用小火焖至熟烂，用水淀粉勾芡，撒上味精和蒜片，出锅装盘即成。

苦瓜蒸鲈鱼

鲈鱼 🍲 鲜咸味 🕐 20分钟

材料

鲈鱼	1条	葱末	少许
苦瓜	200克	精盐、料酒	各1小匙
五花肉	150克	鸡精	1/2小匙
香菇片	30克	植物油	1大匙

做法

1. 苦瓜洗净，剖开、去籽，切成厚片，放入沸水锅中焯烫2分钟，捞出、沥水；五花肉洗净，放入清水锅内煮至熟，捞出、晾凉，切成薄片。

2. 鲈鱼去掉鱼鳞、鱼鳃，从腹部剖开，去除内脏，洗净血污，擦净水分，在背部划一刀。

3. 把香菇片放入盘中垫底，放上鲈鱼、苦瓜片、熟五花肉片，加入葱末、精盐、鸡精、料酒及少许清水，裹上保鲜膜，上屉旺火蒸10分钟，取出，淋上烧热的植物油即成。

剁椒娃娃菜

娃娃菜 鲜辣味 20分钟

材料

娃娃菜·············· 500克
红剁椒············· 75克
葱末、姜末 ······· 各5克
蒜末 ·············· 10克
精盐、味精 ······ 各少许
蚝油·············· 1/2小匙
蒸鱼豉油 ·········· 1小匙
胡椒粉············· 1小匙
植物油············· 适量

做法

1. 将娃娃菜洗净,切成6瓣,放入沸水锅中焯烫至五分熟,捞出、沥水,码放入盘中。

2. 锅置火上,加入植物油烧至六成热,下入红剁椒、精盐、味精、胡椒粉、姜末、蒜末、蚝油和蒸鱼豉油炒香,转小火煸炒5分钟成味汁,出锅浇在娃娃菜上。

3. 将娃娃菜放入蒸锅中,用旺火蒸约5分钟,取出,撒上葱末,淋上少许烧热的植物油即成。

养生功效

娃娃菜味道甘甜,营养价值和大白菜差不多,富含维生素、硒、叶绿素、纤维素等,搭配剁椒等蒸制成菜食用,有助于提高人体免疫力,还有预防感冒的效果。

材料

大鹅肉	250克	鸡精	少许
山药	100克	精盐	1小匙
荷兰豆、银杏	各25克	料酒	1大匙
胡萝卜	25克	水淀粉	4小匙
鲜香菇	25克	高汤	1000克
葱花、姜片	各少许	植物油	2大匙

时蔬大鹅汤

鹅肉 鲜咸味 80分钟

养生功效

富含蛋白质、脂肪、碳水化合物、钙、磷、钾、钠等营养素的鹅肉，搭配富含维生素的时蔬煮制成汤羹食用，有益气补虚、和胃止渴、止咳化痰等功效。

做法

1. 大鹅肉洗涤整理干净，切成大块，放入清水锅中，上火烧沸，焯烫去血水，捞出用冷水冲净，沥干水分。

2. 鲜香菇去蒂，洗净，切成片；山药、胡萝卜分别去皮，洗净，切成小块；荷兰豆去掉豆筋，洗净，切成块。

3. 锅置火上，加入适量植物油烧至六成热，下入葱花、姜片炒香，烹入料酒，放入鹅肉块炒几分钟。

4. 添入高汤煮沸，放入山药、荷兰豆、银杏、胡萝卜、香菇调匀，加入精盐、鸡精煮至熟，水淀粉勾芡，出锅装碗即成。

灌汤煎饺

面粉　鲜咸味　45分钟

材料

面粉 …………… 500克

羊肉末 ………… 400克

鸡汁冻(切碎) … 150克

葱末 …………… 30克

姜末、蒜末 …… 各20克

精盐 …………… 1小匙

料酒、酱油 …… 各1大匙

鸡精 …………… 1/2小匙

味精 …………… 少许

淀粉、香油 …… 各适量

植物油 ………… 适量

做法

1. 将1/3的面粉放入容器内,倒入适量沸水和成烫面,加入其余的2/3面粉和少许凉水和成面团。

2. 羊肉末加入料酒、香油、酱油、精盐、鸡精、味精、鸡汁冻、葱末、姜末、蒜末拌均匀成馅料。

3. 面团揪成剂子,擀成圆皮,包入少许馅料,捏成半圆形饺子坯;淀粉、少许面粉加上少许清水调成稀糊。

4. 平煎锅置火上烧热,刷上植物油,放入煎饺生坯,用中火煎至饺子底面呈微黄色,淋上稀糊,盖上锅盖,用小火煎至熟透,出锅扣入盘内即成。

豆角海带焖肉

8菜 1汤 1主食

·豆角海带焖肉·翠笋拌玉蘑·豉汁盘龙鳝·滑蛋虾仁·草菇鸡心·香酥萝卜丸·香煎大虾·菠萝沙拉船·五丝酸辣汤·虾仁伊府面

材料

五花肉	300克	精盐	1小匙
海带结	150克	白糖	2小匙
干豆角	100克	酱油	1/2大匙
葱末、姜末	各10克	料酒	4小匙
干辣椒	15克	植物油	2大匙

五花肉 咸辣味 30分钟

做法

1. 五花肉洗净，切成厚片，放在大碗内，加入少许精盐、酱油、葱末、姜末拌匀，腌渍20分钟。

2. 干豆角用冷水浸泡至涨发，换清水洗净，切成小段；海带结放入沸水锅内焯烫一下，捞出、沥水。

3. 净锅置火上，加上植物油烧至六成热，爆香干辣椒、葱末和姜末，下入五花肉片炒出香味，放入海带结、干豆角炒匀。

4. 加入酱油、料酒、精盐和少许清水烧沸，转小火焖至熟嫩，离火出锅，装盘上桌即成。

翠笋拌玉蘑

🍃芦笋 🥣鲜咸味 ⏰20分钟

材料

芦笋 ·················· 300克
口蘑 ·················· 100克
胡萝卜 ················· 50克
精盐 ················· 1/2大匙
味精 ················· 1/2小匙
香油 ·················· 1大匙
植物油 ················ 1小匙

做法

1. 芦笋去根、去老皮，洗净，斜切成片；口蘑择洗干净，切成片；胡萝卜去皮、洗净，切成片。

2. 净锅置火上，倒入适量清水煮至沸，加入精盐、植物油，放入口蘑片、胡萝卜片、芦笋片烧沸，焯烫约2分钟，捞出、过凉，沥干水分。

3. 芦笋片、口蘑片、胡萝卜片放入大碗内，加入味精、精盐，淋入香油调拌均匀，装盘上桌即成。

养生功效

　　口蘑营养丰富且均衡，芦笋富含多种维生素，搭配胡萝卜等制作成菜，有生津止血、补益脾胃、解毒防癌等食疗效果。

豉汁盘龙鳝

🐟白鳝　🍵豆豉味　⏱30分钟

材料

白鳝……1条（约600克）
蒜蓉、姜末 …… 各10克
辣椒末、葱花 …… 各5克
陈皮末、胡椒粉 … 各少许
豆豉汁……………… 1大匙
白糖、淀粉 … 各1/2小匙
酱油、香油 … 各1/2大匙
植物油…………… 2大匙
精盐、味精 …… 各适量

做法

1. 白鳝宰杀，洗涤整理干净，放入沸水锅内焯烫一下，捞出、冲净，在鳝背上每隔2厘米切一刀（不要切断）。

2. 白鳝放入容器中，加入蒜蓉、姜末、辣椒末、陈皮末、豆豉汁、精盐、味精、白糖、香油、酱油、淀粉拌匀。

3. 白鳝放入大盘内盘成蛇形，到入腌白鳝的味汁，淋入少许植物油，再放入蒸锅中，用旺火蒸8分钟至熟，取出，撒上胡椒粉、葱花，浇上烧热的植物油即成。

材料

虾仁	200克	料酒	1/2大匙
鸡蛋	4个	高汤	适量
葱花、姜末	各5克	水淀粉	2大匙
精盐	1小匙	植物油	3大匙

滑蛋虾仁

虾仁 鲜咸味 20分钟

养生功效

虾仁中蛋白质含量丰富，鸡蛋富含B族维生素，两者搭配炒制成菜肴食用，可以增强体力，促进生长发育，尤其适宜青少年食用。

做法

1. 虾仁去掉沙线，加入少许精盐、料酒、鸡蛋清1个、少许水淀粉抓匀、上浆。

2. 将剩余的鸡蛋放碗内打散，加入精盐、姜末、高汤和水淀粉搅匀成鸡蛋液。

3. 净锅置火上，加入植物油烧至六成热，倒入鸡蛋液滑炒至刚刚凝固。

4. 倒入上浆的虾仁，用小火熘炒至虾仁熟嫩，撒上葱花，出锅装盘即成。

草菇鸡心

🍗 鸡心　👐 鲜咸味　⏲ 20分钟

材料

鸡心·················· 200克

鲜草菇·············· 150克

青椒、红椒 ····· 各25克

葱花、姜末 ······ 各10克

精盐·················· 1大匙

料酒、蚝油 ····· 各2大匙

白糖、胡椒粉 ··· 各适量

水淀粉·············· 适量

植物油·············· 适量

做法

1. 鸡心洗净，剞上十字花刀，加入料酒拌匀，放入沸水锅中焯烫一下，捞出、冲净。

2. 鲜草菇去蒂、洗净，放入加有少许精盐的沸水锅内略焯，捞出；青椒、红椒洗净，去蒂及籽，切成小块。

3. 锅中加上植物油烧热，下入葱花、姜末炒香，放入鸡心、青椒块、红椒块、草菇略炒，加入料酒、蚝油、胡椒粉、白糖炒匀，用水淀粉勾芡，出锅装盘即成。

养生功效

　　草菇营养丰富，维生素C的含量很高，配以含有丰富微量元素铁、钾、锌的鸡心等一起炒制成菜食用，有补身壮阳，促进新陈代谢的功效。

香酥萝卜丸

🐷白萝卜 🍲鲜咸味 🐻20分钟

材料

白萝卜 ·············· 300克

鱼肉蓉 ·············· 100克

馒头 ················· 75克

精盐 ················· 2小匙

味精 ················· 1小匙

鸡精 ················· 1/2小匙

白胡椒粉 ·············· 少许

料酒 ················· 2大匙

植物油 ················· 适量

做法

1. 白萝卜去皮,切成小粒,加上少许精盐抓匀,挤干水分;馒头切成小粒。

2. 白萝卜粒、鱼肉蓉放在容器内,加入精盐、味精、鸡精、白胡椒粉、料酒搅拌起劲,挤成大小均匀的萝卜丸子,蘸匀馒头粒,轻轻压实成萝卜丸生坯。

3. 锅置火上,加入植物油烧至三成热,放入萝卜丸生坯,小火炸至全部浮起,捞出;待锅内油温升高后,再放入萝卜丸炸至色泽金黄,取出,装盘上桌即成。

香煎大虾

大虾 · 鲜咸味 · 20分钟

材 料

大虾	300克	味精	1/2小匙
菠菜	100克	胡椒粉	少许
葱段、姜片	各少许	料酒	2小匙
精盐	1小匙	植物油	适量

做 法

1. 菠菜去根和茎，取嫩菠菜叶洗净，沥去水分，切成细丝，放入烧至九成热的油锅内炸酥，捞出，放在盘内垫底。

2. 大虾剪去虾腿和虾须，洗净，沥水，从背部开一刀，去除沙线，用清水洗净，放入大碗中。加入精盐、料酒、味精、胡椒粉调拌均匀，腌渍15分钟。

3. 净锅置火上，加上少许植物油烧热，下入葱段、姜片煸炒出香味，捞出葱姜不用，放入大虾煎约3分钟。

4. 把大虾翻面煎约2分钟至色泽金红，捞出、沥油，码放在盛有菠菜丝的盘内，上桌即成。

菠萝沙拉船

菠萝 香甜味 20分钟

材料

菠萝 ················· 1个

猕猴桃 ··············· 2个

鸭梨 ················· 150克

樱桃 ················· 50克

小柿子 ··············· 40克

草莓 ················· 25克

白糖 ················· 2大匙

沙拉酱 ··············· 3大匙

淡盐水 ··············· 适量

做法

1. 菠萝洗净，去掉叶皮，横向切除1/3，剩余部分掏空后做成菠萝盛器。

2. 掏出的菠萝肉切成小块；猕猴桃去皮，切成块；鸭梨去皮、果核，切成小块。

3. 把樱桃和小柿子分别去蒂，用淡盐水洗净；草莓去蒂洗净，每个切成两半。

4. 将切好的各种原料放入盆中，加上白糖和沙拉酱拌匀，放入菠萝船中即成。

材料

猪瘦肉	100克	精盐、味精	各1小匙
白萝卜	50克	酱油、料酒	各1大匙
水发海带	50克	胡椒粉、白醋	各适量
水发木耳	50克	淀粉、香油	各适量
水发玉兰片	50克	植物油	各适量
姜丝	10克		

五丝酸辣汤

猪瘦肉 → 酸辣味 ⏱ 20分钟

养生功效

五丝酸辣汤是传统风味汤菜,酸、辣、咸、鲜、香五味俱全,经常饮用,还有补气补虚、舒肝醒脾、补气益血、固本培元、消脂去腻、帮助消化的功效。

做法

1. 将猪瘦肉用清水洗净,切成细丝,放入碗中,加入少许精盐、料酒、淀粉调拌均匀,腌渍入味。

2. 白萝卜、水发海带、水发木耳、水发玉兰片分别洗净,均切成细丝,放入沸水锅内焯烫一下,捞出、沥净水分。

3. 锅置火上,加入植物油烧至六成热,下入猪肉丝、姜丝煸炒出香味,添入适量清水煮至沸。

4. 放入白萝卜丝、海带丝、木耳丝和玉兰片丝调匀,加入酱油、白醋、味精、胡椒粉,用水淀粉勾芡,淋入香油即成。

虾仁伊府面

🍜鸡蛋面　🍲鲜咸味　⏱20分钟

材料

鸡蛋面·············· 200克

虾仁················ 100克

冬菇··············· 50克

青豆、胡萝卜 ··· 各25克

葱末、姜末 ··· 各5克

精盐·············· 2小匙

胡椒粉、味精 ··· 各1/2小匙

白糖·············· 少许

酱油、料酒 ····· 各1大匙

高汤、熟猪油 ··· 各适量

做法

1. 虾仁挑去沙线、洗净；冬菇去蒂，洗净，切成小块；胡萝卜去皮，洗净，切成小片；锅中加上清水烧沸，下入鸡蛋煮至熟，捞出、沥水。

2. 净锅置火上，加上清水煮沸，分别放入虾仁、冬菇块、胡萝卜片、青豆焯烫一下，捞出、沥干。

3. 锅中加上熟猪油烧热，放入葱末、姜末炒香，加入酱油、料酒、高汤煮沸。

4. 下入虾仁、冬菇块、胡萝卜片、鸡蛋面、精盐、味精、白糖、胡椒粉和青豆煮至入味，出锅装碗即成。

完美宴客菜

Part 5

十菜一汤一主食

香干西芹丝

材料

香干	200克	味精、鸡精	各1/3小匙
西芹	100克	白酱油	1小匙
胡萝卜	50克	香油	2小匙
精盐	1/2小匙	植物油	1大匙

香干味 咸鲜味 20分钟

做法

1. 西芹去根，先切成5厘米长的段，再切成粗丝；胡萝卜洗净，切成丝；一起放入沸水中焯至断生，捞出、冲凉，沥水。

2. 香干切成丝，放入沸水锅中焯烫一下，捞出、沥干，加入白酱油、精盐和香油调拌均匀。

3. 锅中加油烧热，下入香干丝煸炒片刻，出锅、晾凉；碗中加上少许白酱油、香油、精盐、味精、鸡精拌匀成咸鲜味汁。

4. 将西芹丝、香干丝、胡萝卜丝一同放入容器中，加入调好的味汁拌匀，装盘上桌即成。

炝兔肉芦笋

🐇兔肉　🍲椒香味　⏰30分钟

材料

净兔肉 …… 1块(约250克)

芦笋 ……………… 100克

红椒 ……………… 25克

精盐 ……………… 1小匙

味精 …………… 1/2小匙

白糖 ……………… 少许

花椒油 …………… 1大匙

植物油 …………… 2小匙

做法

1. 芦笋去根,刮去老皮,用清水洗净,切成细条;红椒去蒂、去籽,洗净,切成细丝。

2. 兔肉洗净,放入锅中,加入适量清水煮约5分钟,转小火煮约20分钟至熟透,捞出、沥水,用小木棒轻轻捶打至松软,再用手撕成均匀的兔肉丝。

3. 锅中加入清水、少许精盐、植物油煮沸,下入芦笋细条焯烫一下,捞出、沥水。

4. 芦笋细条、红椒丝、熟兔肉丝放入大碗中,加入精盐、味精、白糖,淋入烧热的花椒油拌匀,装盘上桌即成。

百花酒焖肉

🐷 五花肉　☕ 酒香味　⏱ 90分钟

材料

带皮五花肋肉 ········· 1块
葱段 ············· 25克
姜片 ············· 15克
精盐 ············· 2小匙
味精 ············· 1小匙
白糖、百花酒 ··· 各3大匙
酱油 ············· 2大匙

做法

1. 用烤叉插入带皮五花肋肉中，肉皮朝下烤至皮色焦黑，离火取下肉块，放入温水中泡软，洗净，切成大小均等的12个方块，在每块肉皮上剞上芦席形花刀。

2. 取砂锅1个，先垫入竹箅，放入葱段、姜片，将肉块皮朝上摆放入砂锅内，加上清水、酱油、百花酒、白糖、精盐，置旺火上烧沸。

3. 盖上锅盖，转小火焖约1小时至酥烂，转旺火收浓汤汁，拣去葱段、姜片，加入味精调匀，离火上桌即成。

①

②

③

材料

花蟹	500克	豆瓣酱	1大匙
小油菜	200克	冰糖、鸡精	各少许
葱段、姜片	15克	甜面酱	2小匙
精盐、醪糟	各1小匙	番茄酱、酱油	各2小匙
淀粉	4小匙	植物油	适量

红焖花蟹

花蟹〜酸辣味 30分钟

养生功效

花蟹中含有丰富的蛋白质、微量元素等,养筋益气、理胃消食,散诸热,通经络,解结散血等,对于瘀血、腰腿酸痛、风湿性关节炎有一定的食疗效果。

做法

1. 花蟹洗净,去掉沙囊、头须及肺鳃,剁成大块,加上精盐、醪糟和淀粉拌匀,放入烧热的油锅内冲炸一下,捞出。

2. 将小油菜择洗干净,切成两半,放入沸水锅内焯烫一下,捞出、沥水,码放在盘内垫底。

3. 锅置火上,加上植物油烧热,下入葱段、姜片、豆瓣酱炒香,加上精盐、冰糖、鸡精、甜面酱、番茄酱、酱油炒沸。

4. 倒入炸好的花蟹块炒至熟透,再转小火烧焖至入味,出锅放在小油菜上,即可上桌。

海参春笋鸡

🍳鸡胸肉 ☕蚝油味 ⏱30分钟

材料

鸡胸肉 ·············· 300克

水发海参 ·········· 200克

春笋、鸡腿菇 ··· 各75克

葱末、蒜片 ······ 各10克

精盐 ················ 1小匙

白糖、蚝油 ······ 各2小匙

酱油、料酒 ······ 各1大匙

米醋、胡椒粉 ··· 各少许

水淀粉、香油 ··· 各少许

植物油 ············· 2大匙

清汤 ················ 150克

做法

1. 鸡胸肉去掉筋膜，洗净，切成4厘米长的小条，加入少许精盐、酱油、料酒拌匀。

2. 水发海参去掉内脏和杂质，洗净，也切成条；鸡腿菇用温水浸泡并洗净，切成两半；春笋去根，削去外皮，切成长条，放入沸水锅内焯烫一下，捞出、沥净。

3. 锅中加上植物油烧热，下入鸡肉条炒至变色，烹入料酒，放入葱末、蒜片、春笋条、海参条和鸡腿菇炒香。

4. 加入酱油、精盐、白糖、胡椒粉、蚝油、米醋和清汤，小火烧至入味，用水淀粉勾芡，出锅装盘即成。

节瓜烧凤爪

🍗鸡爪 🥣鲜咸味 ⏱60分钟

材料

鸡爪（凤爪） …	400克
节瓜 ……	200克
无花果 ……	1个
眉豆 ……	少许
陈皮 ……	10克
姜片 ……	5克
精盐、白糖 ……	各2小匙
胡椒粉 ……	适量
植物油 ……	适量
清汤 ……	250克

做法

1. 鸡爪去掉爪尖，洗净，放入沸水锅内煮至熟，捞出、沥水；无花果、陈皮、眉豆用温水浸泡；节瓜洗净，切成小块，放入沸水锅内煮2分钟，取出、沥水。

2. 净锅置火上，加入植物油烧至六成热，下入姜片炝锅，加入鸡爪煸炒2分钟，放上节瓜块、无花果、陈皮和眉豆炒匀。

3. 加入清汤、精盐、白糖、胡椒粉烧沸，转小火烧约15分钟至入味，出锅装盘即成。

蒜香小龙虾

🦐小龙虾　🍜蒜香味　⏱20分钟

材料

小龙虾 …………… 500克
大蒜 …………… 50克
姜片 …………… 15克
精盐、味精 …… 各2小匙
胡椒粉 …………… 少许
清汤 …………… 200克
香油 …………… 1小匙
植物油 …………… 500克

做法

1. 小龙虾洗涤整理干净，沥净水分，放入热油锅中冲炸一下，捞出、沥油；大蒜去皮，切去两端，取净蒜瓣。

2. 净锅置火上，加入少许植物油烧至六成热，下入蒜瓣和姜片炒上颜色，放入小龙虾翻炒一下，添入清汤，旺火烧沸。

3. 用中火烧焖约10分钟，调入精盐、味精烧焖至熟透，撒上胡椒粉，淋入香油，出锅装盘即成。

养生功效

小龙虾学名克原氏螯虾，其口味鲜美，营养均衡，有祛脂降压、解毒养颜、利尿消肿、壮阳壮腰、补益肾虚、活血祛瘀、提高免疫力、强筋壮骨等功效。

清蒸武昌鱼

武昌鱼 · 鲜咸味 · 20分钟

材料

武昌鱼	1条	葱段、姜片	各10克
山药片	50克	蒜片	各5克
香菜段	35克	精盐	1/2小匙
黄芪、枸杞子	各25克	味精、料酒	各1小匙
百合	20克	酱油	2小匙
红椒丝	15克	香油	少许

做法

1. 武昌鱼去掉鱼鳞、鱼鳃和内脏，洗净，擦净水分，在表面剞上十字花刀，鱼腹中放入葱段、姜片和蒜片。

2. 料酒、精盐、味精、酱油放入小碗中调匀成味汁，涂抹在武昌鱼上，腌渍20分钟，装入鱼盘内。

3. 把红椒丝、山药片、黄芪、百合放在武昌鱼上，放入蒸锅中，用旺火沸水蒸6分钟，撒上香菜段、枸杞子续蒸2分钟，取出，淋入香油即成。

材料

菠菜·················· 200克
玉米粒··············· 50克
熟火腿··············· 50克
胡萝卜··············· 50克
红腰豆、松仁 ··· 各50克

姜末·················· 5克
精盐·················· 1小匙
味精·················· 1/2小匙
水淀粉··············· 2小匙
植物油··············· 1大匙

多宝菠菜

菠菜 · 鲜咸味 · 20分钟

养生功效

菠菜中含有大量的植物粗纤维，有促进肠道蠕动的作用，搭配富含维生素的玉米粒、胡萝卜、腰豆、松仁等成菜，还有很好的补血、养血功效。

做法

1. 菠菜去根和老叶，用清水洗净，放入沸水锅中焯烫一下，捞出、沥净；胡萝卜、熟火腿均切成小丁。

2. 把红腰豆淘洗干净，放入清水浸泡2小时，再放入清水锅中，上火煮至熟嫩，捞出、沥水。

3. 净锅置火上，加入植物油烧热，下入姜末煸香，再放入火腿丁、胡萝卜丁、玉米粒、松仁、熟腰豆炒匀。

4. 然后放入菠菜略炒，再加入少许精盐、味精调好口味，用水淀粉勾薄芡，出锅装盘即成。

芹香牛肉丝

🐂牛肉 🥢酸辣味 ⏱25分钟

材料

牛里脊肉 ············ 300克

芹菜 ················ 150克

鸡蛋 ················ 1个

红椒丝、姜丝 ··· 各10克

白糖、鸡精 ··· 各1/2小匙

米醋 ················ 2小匙

酱油、辣椒酱 ··· 各1大匙

料酒、淀粉 ······ 各适量

水淀粉、香油 ··· 各适量

植物油 ············· 适量

做法

1. 芹菜去根和叶，取芹菜嫩茎，切成丝；牛里脊肉洗净、切成丝，加入鸡蛋、酱油、淀粉和少许植物油拌匀，下入热油锅中滑散至熟，捞出、沥油。

2. 把料酒、香油、水淀粉、鸡精、米醋、白糖放入小碗中调成味汁。

3. 锅中加上少许植物油烧热，下入红椒丝、姜丝、辣椒酱炒出辣味，放入芹菜丝、牛肉丝炒匀，烹入味汁，用旺火快速熘炒片刻，出锅装盘即成。

什锦鲫鱼汤

鲫鱼　鲜辣味　25分钟

材料

鲫鱼	2条(约400克)	姜片、葱段	各10克
水发鱼肚	150克	精盐、味精	各2小匙
净油菜心	100克	胡椒粉、料酒	各2小匙
豆腐	50克	水淀粉、香油	各1大匙
熟火腿片	25克	植物油	3大匙

做法

1. 鲫鱼去鳞、去鳃、去内脏，洗净，在鱼身两侧剞上一字刀口；水发鱼肚切成小条，放入沸水锅中焯透，捞出、沥水；豆腐切成条，也放入沸水锅内焯烫一下，捞出。

2. 净锅置火上，加入植物油烧热，放入鲫鱼煎至上色，烹入料酒，加入适量清水，再放入姜片、葱段、胡椒粉煮沸。

3. 中火煮约5分钟，撇净浮沫，放入鱼肚条、火腿片、净油菜心调匀，加入精盐、味精调好口味，小火烧烩5分钟，用水淀粉勾芡，出锅盛入汤碗中，淋入香油即成。

咖喱牛肉面

🍜 面条　🍲 咖喱味　⏰ 2小时

材料

细面条 …………… 500克

牛肉 ……………… 250克

葱末 ……………… 25克

咖喱粉 …………… 1大匙

精盐 ……………… 2小匙

味精 ……………… 1小匙

植物油 …………… 3大匙

做法

1. 将牛肉洗净,切成大块,放入沸水锅中煮约45分钟至牛肉八分熟,捞出、沥干,切成薄片。

2. 净锅置火上,加入植物油烧热,放入葱末略炒,加上咖喱粉、煮牛肉的原汤和牛肉片煮约10分钟,捞出。

3. 锅中加入清水烧沸,放入面条煮至熟,捞入面碗内,摆上熟牛肉片,加入精盐、味精和煮沸的咖喱牛肉汤拌匀,即可上桌食用。

养生功效

咖喱牛肉面富含各种维生素、氨基酸以及铁、钙、镁、钾、锌、磷等各种矿物质,经常食用有开胃、助消化、滋阴补虚、强身健体的功效。

 熏香马哈鱼

材料

马哈鱼中段 ⋯1块(约750克)	匙, 蚝油、酱油各1大匙)
大葱、姜块 ⋯⋯ 各50克	白糖 ⋯⋯⋯⋯⋯ 2小匙
腌料(精盐、味精各1小匙,	茶叶 ⋯⋯⋯⋯⋯ 10克
五香粉、玫瑰露酒各2大	香油 ⋯⋯⋯⋯⋯ 4小匙

🐟马哈鱼　🍲熏香味　⏰60分钟

做法

1. 将大葱择洗干净，切成细末；姜块去皮，洗净，切成细末，全部放在小碗内，加上腌料拌匀成腌料味汁。

2. 马哈鱼刮洗干净，片成两半，放入清水中浸泡去异味，取出沥水，放入腌料汁中，腌渍30分钟。

3. 烤盘刷上少许香油，放上马哈鱼肉，放入预热的烤箱，中温烤15分钟至熟，取出鱼肉，放在熏帘上。

4. 锅中撒上白糖、茶叶烧热，放上熏帘，盖严盖后熏3分钟，取出鱼块，刷上香油，晾凉后切成条形块，码盘上桌即成。

椒油炝双丝

🥗 萝卜　🍜 椒香味　⏱ 2小时

材料

白萝卜 ………………… 200克
心里美萝卜 …………… 150克
水发海蜇 ……………… 100克
花椒 ……………………… 5克
精盐 …………………… 1小匙
味精 ………………… 1/2小匙
白糖 ………………… 2小匙
白醋 ………………… 1大匙
植物油 ………………… 适量

做法

1. 水发海蜇切成细丝,用清水洗净泥沙,放入沸水锅中焯烫一下,捞入冷水中冲洗、浸泡,除去咸涩味。

2. 白萝卜、心里美萝卜分别去根、洗净,削去外皮,切成5厘米长的细丝,加入适量精盐拌匀,腌渍1小时,再用冷水冲洗、泡透,除去异味,取出、攥干。

3. 将两种萝卜丝、海蜇丝放入碗中,加入精盐、白糖、白糖、味精调匀,腌渍20分钟,码放在盘内。

4. 净锅置火上,加入花椒油烧至九成热,出锅浇在萝卜丝、海蜇丝上拌匀即成。

材料

净鲤鱼……1条(约1000克)	鸡精、米醋 … 各1/2小匙
五花肉、鲜笋 … 各50克	水淀粉……………… 2小匙
青椒、红椒…… 各50克	香油……………… 1小匙
葱段、姜片、蒜末…各15克	植物油……………… 2大匙
精盐、白糖…… 各1小匙	清汤、酱油……… 适量

醋焖鲤鱼

鲤鱼 ● 酸鲜味 ● 40分钟

养生功效

经常食用鲤鱼菜肴，有滋补健胃、利水消肿、通乳、清热解毒、止咳下气的功效，对各种水肿、腹胀及乳汁不通有较好的疗效。

做法

1. 五花肉洗净，切成大片；鲜笋去根，洗净，切成片，放入沸水锅内焯烫一下，捞出、沥净；青椒、红椒切成小块。

2. 鲤鱼洗涤整理干净，放入沸水锅中，加入精盐、米醋，用小火焖煮15分钟至熟，捞出、装盘。

3. 锅中加上植物油烧热，下入五花肉片煸炒至变色，加入葱段、姜片、蒜末、鲜笋片、青椒和红椒块炒匀。

4. 放入米醋、酱油、鸡精、精盐、白糖和清汤烧沸，用水淀粉勾芡，淋入香油，出锅浇在鲤鱼上即成。

豆腐蒸排骨

猪排骨　　鲜辣味　　90分钟

材料

猪排骨	300克
豆腐	250克
毛豆粒	50克
红辣椒	1个
大葱、姜片	各15克
精盐	少许
白糖、淀粉	各1小匙
酱油	1大匙

做法

1. 猪排骨洗净，剁成小段，加入精盐、酱油、白糖、淀粉拌匀，腌约1小时。

2. 大葱择洗干净，同姜片均切成末；红辣椒去蒂、去籽，洗净，切成小粒；毛豆粒洗净，沥去水分。

3. 豆腐洗净，切成大片，放入盘中，再放上腌好的猪小排段，均匀地撒上葱末、姜末、红辣椒粒、毛豆粒，入锅蒸至熟嫩，取出上桌即成。

家常烧鸡腿

🍗 鸡腿 　🥢 香辣味 　⏱ 30分钟

材料

净鸡腿 ············· 400克
豆腐 ··············· 250克
花生碎、香菜末 ··· 各少许
葱末、蒜末 ······ 各10克
精盐、鸡精 ······ 各1小匙
白糖、豆瓣酱 ··· 各适量
料酒、酱油 ······ 各适量
香油、水淀粉 ··· 各适量
高汤、植物油 ··· 各适量

做法

1. 将鸡腿洗净,剁成小块;豆腐用清水洗净,沥去水分,切成小方块。

2. 锅中加入植物油烧热,下入葱末、蒜末、豆瓣酱炒香,放入鸡腿块、精盐、鸡精、料酒、酱油、白糖炒匀,添入高汤烧沸,转小火烧至鸡腿块近熟。

3. 放入豆腐块烧至熟嫩入味,淋入香油,用水淀粉勾芡,出锅装碗,撒上花生碎和香菜末即成。

养生功效

豆腐是营养丰富的制品,但其不足之处是缺少一种必需氨基酸——蛋氨酸,排骨中含有丰富的蛋白质和蛋氨酸,与豆腐搭配制作成菜,不仅可以提高豆腐中蛋白质的利用率,而且味道更加鲜美。

茄汁大虾

🦐 大虾　🍜 茄汁味　⏱ 20分钟

材料

大虾················	500克
姜丝················	15克
精盐················	少许
白糖················	3大匙
水淀粉··············	1大匙
番茄酱··············	4大匙
植物油··············	750克

做法

1 大虾从背部剪开，去掉沙线，剪去虾枪，洗净，用干净的软布拭干水分。

2 番茄酱放入小碗中，加入精盐、白糖、水淀粉、少量清水搅拌均匀成番茄汁。

3 净锅置火上，加入植物油烧至七成热，下入大虾炸至虾皮酥脆，捞出、沥油。

4 锅内留少许底油烧热，下入姜丝炝锅，放入大虾，倒入番茄汁，用小火烧至入味，出锅装盘即成。

培根芦笋卷

芦笋 🍜 鲜咸味 ⏱ 15分钟

材 料

芦笋 ⋯⋯⋯⋯⋯⋯ 500克
培根 ⋯⋯⋯⋯⋯⋯ 5片
精盐 ⋯⋯⋯⋯⋯⋯ 2小匙
黑胡椒粉 ⋯⋯⋯ 1/2小匙
白兰地酒 ⋯⋯⋯⋯ 1大匙
奶酪粉 ⋯⋯⋯⋯⋯ 少许
橄榄油 ⋯⋯⋯⋯⋯ 适量

做 法

1. 芦笋去根,刮去老皮,洗净,放入沸水锅内,加上1小匙精盐焯烫一下,捞入清水中过凉,沥干水分。

2. 培根片铺在案板上,在1/5处放上3根芦笋,卷起成卷,逐片卷好成培根芦笋卷。

3. 锅置火上,加入橄榄油烧热,放入培根芦笋卷,用中火煎约1分钟,撒入黑胡椒粉,烹入白兰地酒,翻面续煎1分钟,出锅码放在盘内,撒上奶酪粉即成。

养生功效

芦笋营养丰富,有强筋、养体的效果,搭配富含蛋白质的培根一起成菜,可以益髓健骨,强筋养体,对身体虚弱、疲倦不适、心烦失眠等有非常好的效果。

蛋角菠菜

菠菜 · 鲜咸味 · 一〇分钟

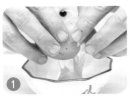

材料

菠菜	250克	淀粉	1小匙
鸡蛋	4个	老醋	4大匙
油炸花生米	50克	白糖	2小匙
红椒	20克	精盐	1/2小匙
姜末	15克	香油	少许

做法

1. 菠菜择洗干净,用沸水焯烫一下,捞出、过凉,挤干水分,切成段;鸡蛋磕入大碗中,加入淀粉搅匀成鸡蛋液;红椒去蒂、去籽,洗净,切成小碎粒。

2. 将红椒碎、老醋、姜末、白糖、精盐、香油、油炸花生米放入容器中搅拌均匀成味汁。

3. 平底锅中加上植物油烧热,先倒入一半鸡蛋液,将菠菜段撒在上面,然后倒入剩余的鸡蛋液煎至底部凝固,翻面续煎2分钟,取出、切成块,码入盘中,淋上味汁即成。

材料

猪里脊肉	350克	精盐	1小匙
火腿	100克	鸡精、胡椒粉	各1/2小匙
奶酪、面包糠	各75克	面粉	2大匙
鸡蛋	2个	植物油	1000克

火腿奶酪猪排

里脊肉 · 酸鲜味 · 20分钟

养生功效

里脊肉含有丰富的蛋白质和十余种氨基酸,是为人体提供优质蛋白质的理想食材,经常食用里脊肉可以强身健体,使人肌肤光泽、健美。

做法

1. 猪里脊肉洗净,切成夹刀片,排剁几下,加入精盐、鸡精、胡椒粉稍腌。

2. 将奶酪、火腿切成大薄片;鸡蛋磕入碗中,打散成鸡蛋液。

3. 把奶酪、火腿片夹入猪排中,沾匀面粉,拖上鸡蛋液,裹匀面包糠成猪排生坯。

4. 锅内加入植物油烧热,下入猪排生坯炸至金黄色,捞出、沥油,装盘上桌即成。

红焖海参

🌀海参 ☕酱香味 ⏱2小时

材料

水发海参 ············· 750克

香菜根、姜块 ······ 25克

葱段、蒜瓣 ······ 各25克

甘草片 ················· 5克

精盐、味精 ······ 各1小匙

红豉油、料酒 ··· 各1大匙

酱油、水淀粉 ··· 各1大匙

香油 ················· 2小匙

植物油 ·············· 3大匙

老汤 ················· 适量

做法

1. 将水发海参去掉内脏，洗净杂质，放入冷水锅内，加入姜块、葱段、少许精盐和料酒煮约5分钟，捞出、过凉、沥水。

2. 净锅置火上，加上植物油烧至六成热，加入香菜根、蒜瓣、少许葱段、姜块、酱油、红豉油、甘草片和老汤煮约25分钟，捞出杂质成酱汁。

3. 把水发海参放入酱汁锅内，烧沸后转小火烧焖1小时，加入精盐、味精调匀，用水淀粉勾芡，淋入香油，出锅装盘即成。

白蘑田园汤

白蘑 鲜咸味 25分钟

材料

小白蘑	200克	精盐、酱油	各1小匙
玉米笋、胡萝卜	各75克	鸡精	1/2小匙
土豆	50克	料酒	2小匙
西蓝花	30克	植物油	2大匙
葱花	少许	鸡汤	500克

做法

1. 小白蘑去根，用清水洗净，放入沸水锅内焯烫一下，捞出；玉米笋洗净，切成小条；土豆、胡萝卜分别去皮、洗净，均切成小片。

2. 锅置火上，加入植物油烧热，下入葱花炒出香味，加入鸡汤、料酒煮至沸。

3. 放入小白蘑、玉米笋、土豆片、胡萝卜片、西蓝花调匀，再沸后转小火煮至熟香，加入精盐、酱油、鸡精调好汤汁口味，出锅装碗即成。

荷叶饼

🌀面粉 ☕香甜味 ⏰90分钟

材料

中筋面粉 ············ 500克

酵母粉 ············ 15克

白糖 ············ 3大匙

熟猪油 ············ 1大匙

植物油 ············ 2大匙

做法

1. 将中筋面粉放入容器中，加入白糖、酵母粉、熟猪油和匀成面团，稍饧10分钟。

2. 将面团放在案板上，擀成长方形面皮，再用小碗扣成圆形饼皮。

3. 在饼皮的表面刷上一层植物油，对折成半圆形，在上面剞上井字花刀，用湿布盖严，再饧45分钟，放入蒸锅内蒸8分钟至熟，取出装盘即成。

养生功效

面粉一般按其蛋白质含量的多少，分为高筋面粉、中筋面粉和低筋面粉，其中中筋面粉就是我们常见的普通面粉，制作而成的食品有养心益肾、健脾厚肠、除热止渴的功效。

泡椒炒羊肝

10 菜 1 汤 1 主食

·泡椒炒羊肝·白菜拌甜椒·豆豉千层肉·家常烧带鱼·荷叶粉蒸鸡·明珠扒菜心·肉碎蒸长茄·香煎豆腐·辣椒腌凤爪·椒盐墨鱼卷·鲜虾菜耳汤·奶汤海参面

材料

羊肝	300克	精盐	2小匙
红泡椒	5个	味精、胡椒粉	各1/2小匙
蒜苗	25克	料酒、水淀粉	各1大匙
姜末	10克	香油、植物油	各适量

🍖羊肝　🥣泡椒味　⏰30分钟

做法

1. 红泡椒洗净，切成两半；蒜苗择洗干净，切成小段；羊肝用清水浸泡，去除血水，捞出、擦净，剔去筋膜，切成薄片。

2. 净锅置火上，加上适量清水、料酒烧沸，放入羊肝片焯至变色，捞出冲凉，沥干水分。

3. 炒锅置火上，加入植物油烧热，下入姜末、红泡椒炒出香辣味，再放入羊肝片、蒜苗段爆炒至断生。

4. 然后加入精盐、味精、胡椒粉炒至入味，用水淀粉勾芡，淋入少许香油，出锅装盘即成。

白菜拌甜椒

大白菜　香辣味　90分钟

材料

大白菜 …………… 250克

甜椒 ……………… 50克

葱花 ……………… 10克

精盐 ……………… 1小匙

味精 ……………… 1/3小匙

芥末膏 …………… 2小匙

白糖、白醋 …… 各少许

香油 ……………… 少许

辣椒油、黄油 … 各适量

做法

1. 大白菜去掉菜根，择去老叶，取嫩白菜帮，用清水洗净，片成大片，加上少许精盐腌渍30分钟，沥水；甜椒去蒂、去籽，切成薄片。

2. 将精盐、味精、白糖、白醋、香油、黄油、芥末膏放在容器内，调拌均匀成味汁，放入大白菜片、甜椒片拌匀，腌泡至入味。

3. 将腌泡好的白菜片和甜椒片装入大盘中，淋上辣椒油，撒上葱花即成。

养生功效

大白菜中所含的营养成分比较全面，其口感脆嫩，色泽鲜亮，香味扑鼻，有开胃提神，醒酒去腻，增进食欲、帮助消化的功效。

豆豉千层肉

🍲 五花肉　🍵 豉香味　⏰ 75分钟

▶ 材料 ◀

带皮猪五花肉 … 1000克

葱段、姜丝 …… 各25克

精盐、味精 …… 各2小匙

酱油………… 2大匙

豆豉………… 1大匙

白糖、料酒 … 各4小匙

植物油………… 适量

清汤………… 200克

▶ 做法 ◀

1. 带皮猪五花肉刮净残毛，冲洗干净，放入清水锅中，用中火煮至六分熟，捞出、沥干。

2. 净锅置火上，加入植物油烧至八成热，把带皮五花肉的肉皮涂抹上少许酱油，放入油锅内炸至金黄色，捞出、晾凉，切成大片，肉皮朝下码入碗中。

3. 将豆豉、葱段、姜丝、精盐、酱油、料酒、味精、白糖、清汤调匀成味汁，倒入猪肉碗内，入笼用旺火蒸约30分钟，取出，翻扣入盘内即成。

材料

带鱼 ·················· 500克
葱花、姜末 ········ 各15克
蒜片 ·················· 15克
精盐 ·················· 1小匙
料酒、酱油 ······ 各1大匙

白醋、白糖 ····· 各2小匙
味精 ·················· 少许
水淀粉、香油 ··· 各4小匙
植物油 ·············· 适量

家常烧带鱼

带鱼 ～ 酱香味 ～ 33分钟

养生功效

带鱼为硬骨鱼纲鲈形目带鱼科带鱼属，其含有比较丰富的镁元素，对心血管系统有很好的保护作用，有利于预防高血压、心肌梗死等疾病。

做法

1. 将带鱼去掉鱼头、鱼尾和内脏，用冷水漂洗干净，擦净表面水分，剞上棋盘花刀，再剁成段。

2. 净锅置火上，放入植物油烧至七成热，下入带鱼段炸至两面呈金黄色，捞出、沥油。

3. 锅中留底油烧热，下入葱花、姜末、蒜片炝锅，加入料酒、白醋、酱油、白糖、精盐和清水烧沸。

4. 下入带鱼段烧至入味，待汤汁稠浓时，加入味精，用旺火收汁，用水淀粉勾芡，淋入香油，出锅即成。

荷叶粉蒸鸡

 仔鸡　鲜辣味　2小时

材料

净仔鸡…………… 750克

熟糯米粉………… 200克

鲜荷叶…………… 1张

香葱丁、葱花 … 各10克

姜片…………… 10克

香油、辣椒油 … 各少许

花椒粉…………… 1小匙

白糖、味精 … 各1/2小匙

豆瓣酱…………… 100克

一品鲜酱油……… 2小匙

做法

1. 把糯米粉放入烧热的净锅内煸炒至熟香，出锅、晾凉；净仔鸡剁成大小均匀的块，放入沸水锅内焯烫一下，捞出、沥干。

2. 把仔鸡块放在容器内，加上豆瓣酱、葱花、姜片、熟糯米粉、一品鲜酱油、花椒粉、白糖、味精、香油调拌均匀，腌渍30分钟。

3. 鲜荷叶洗净，用沸水烫一下，捞出、沥干，放入蒸笼内垫底，再放入拌匀的仔鸡块。

4. 把盛有仔鸡的蒸笼放入蒸锅中，用旺火蒸约1小时，取出，撒上香葱丁，淋入辣椒油即成。

明珠扒菜心

🍃油菜 🍲鲜咸味 ⏰25分钟

材料

油菜心 ……………	300克
鹌鹑蛋 ……………	20个
小番茄 ……………	5个
葱段、姜片 ……	各10克
精盐 ……………	1小匙
味精 ……………	1/2小匙
料酒、水淀粉 …	各1大匙
清汤 ……………	100克
植物油 ……………	适量

做法

1. 油菜心洗净,切成两半,放入沸水锅中焯烫至刚熟,捞出、冲凉,沥去水分。

2. 鹌鹑蛋洗净,放入清水锅中煮至熟,捞出、过凉,剥去外壳;小番茄去蒂,洗净,切成小瓣。

3. 锅中加上植物油烧热,下入姜片、葱段爆香,加入清汤稍煮,拣去葱姜不用,放入鹌鹑蛋略煮,捞出、摆盘。

4. 锅内放入油菜心,加入调料扒烧至入味,用水淀粉勾芡,出锅放在盛有鹌鹑蛋的盘内,摆上小番茄即成。

肉碎蒸长茄

长茄子　　蒜香味　　20分钟

材料

长茄子 ·············· 300克

猪五花肉末 ······· 100克

青椒、红椒 ····· 各30克

蒜蓉 ·················· 50克

葱段、姜块 ···· 各15克

精盐 ·················· 1/2小匙

胡椒粉、蚝油 ··· 各1小匙

料酒、淀粉 ····· 各1大匙

酱油 ·················· 1大匙

植物油 ·············· 适量

做法

1. 长茄子洗净，去皮，切成长条；青椒、红椒、葱段、姜块分别洗净，均切成末。

2. 净锅置火上，加入少许植物油烧热，放入猪五花肉末、青椒末、红椒末、葱末、姜末炒香，加上精盐、蚝油、胡椒粉、料酒炒匀成味汁，盛出。

3. 净锅复置火上，加上植物油烧至六成热，将茄条沾匀淀粉，放入油锅内炸至金黄色，捞出、装盘，浇上味汁，入笼蒸5分钟，出锅上桌即成。

养生功效

猪五花肉中的胆固醇含量较高，而茄子的纤维素中含有的营养成分皂甙，可以降低人体的胆固醇，两者搭配成菜食用，有利于人体吸收五花肉的营养，还能降低胆固醇的吸收率。

香煎豆腐

豆腐 · 鲜咸味 · 二十分钟

材 料

豆腐	400克	白糖、蒜片	各少许
水发海米	50克	酱油、料酒	各1大匙
葱花、姜末	少许	花椒水	1/2大匙
精盐	1小匙	淀粉	适量
味精	1/2小匙	植物油	500克(约耗75克)

做 法

1. 豆腐洗净，沥去水分，片去老皮，切成4厘米大小、厚约0.8厘米的长方形大片，放入烧至五成热的油锅中煎至两面金黄色，捞出、沥油。

2. 锅内留少许底油烧热，下入葱花、姜末、蒜片、水发海米炒香，烹入料酒，加入花椒水、酱油、白糖和清汤煮沸。

3. 放入煎好的豆腐片烧2分钟，加入精盐、味精调好口味，用水淀粉勾芡，淋入少许明油，出锅装盘即成。

材料

凤爪（鸡爪） …	1000克	辣椒粉、虾酱 …	各1大匙
青椒、红椒 ……	各150克	白糖 ……………	6大匙
大蒜 …………	100克	味精 ……………	1小匙
姜丝 …………	25克	白醋 ……………	2大匙

辣椒腌凤爪

鸡爪 鲜辣味 24小时

做法

1. 青椒、红椒去籽，洗净，切成菱形块；大蒜去皮，捣成蒜蓉，加上白糖、虾酱、白醋、味精、辣椒粉拌成泡腌调味料。

2. 将凤爪洗涤整理干净，放入清水锅中，上火煮至熟嫩，捞入凉水盆内浸泡12小时。

3. 青椒块、红椒块、凤爪、姜丝拌和在一起，一层一层地装入坛内，层层抹匀泡腌调味料，置于阴凉处泡腌12小时。

4. 待入味后，将凤爪放入保鲜盒中，放入冷藏箱内冷藏保鲜，食用时取出，装盘上桌即成。

椒盐墨鱼卷

🍳墨鱼 🍜椒盐味 ⏰20分钟

材料

墨鱼 ··················· 400克

鸡蛋清 ··············· 1个

精盐 ················· 1小匙

味精、胡椒粉 ··· 各1/2小匙

淀粉、花椒盐 ··· 各1大匙

料酒 ················· 4小匙

植物油 ··············· 750克

做法

1. 墨鱼剥去外膜，去掉内脏，用清水漂洗干净，擦净水分，在内侧剞上斜交叉花刀，切成长方条。

2. 将墨鱼肉条装入盆中，加入精盐、味精、胡椒粉、料酒、鸡蛋清和淀粉拌匀，稍腌几分钟。

3. 锅置火上，加入植物油烧至七成热，放入墨鱼条炸至透，待墨鱼条卷起、呈浅黄色时，捞出、沥油，码放在盘中，撒上花椒盐即成。

鲜虾菜耳汤

🍲 鲜虾、鲜咸味
⏱ 25分钟

材料

鲜虾	200克	酱油、料酒	各2小匙
油菜	100克	味精	少许
水发木耳	25克	植物油	2大匙
精盐	1小匙	熟鸡油	适量

做法

1. 将鲜虾洗净，剪去须刺，去除沙线；水发木耳去蒂，洗净，切成两半；油菜洗净，放入沸水锅内略烫一下，捞出、过凉，沥干水分，切成小段。

2. 净锅置火上，加上植物油烧至六成热，放入鲜虾煎炒至变色，滗去锅内余油，加入酱油、料酒、精盐、油菜段、水发木耳块炒匀。

3. 加入适量清水煮沸，转小火煮约5分钟，加入味精调匀，出锅倒在汤碗内，淋入熟鸡油即成。

奶汤海参面

🍜手擀面　🍲鲜咸味　⏱25分钟

材料

手擀面 ……………… 400克

水发海参 ………… 250克

熟鸡肉 ………………… 75克

熟火腿、冬笋 … 各25克

精盐 …………………… 1小匙

味精、胡椒水 … 各少许

熟鸡油 ……………… 各少许

奶汤 ………………… 适量

做法

1. 水发海参洗涤整理干净,切成小片;熟鸡肉、熟火腿分别切成指甲片大小;冬笋去掉老硬部分,切成小片,放入沸水锅中焯烫至透,捞出、沥干。

2. 净锅置火上烧热,加入奶汤、熟鸡肉片、熟火腿片、冬笋片、精盐、味精、胡椒水煮沸,下入水发海参片调匀,淋入熟鸡油,出锅放在碗内成面臊。

3. 手擀面放入沸水锅中煮至熟,捞出、沥干,分装入面碗内,再分别浇上面臊即成。

养生功效

　　软嫩爽滑的手擀面,搭配富含蛋白质、脂肪、碳水化合物、微量元素的海参、鸡肉、火腿、冬笋等加工成主食上桌,不仅口味清香,营养丰富,还有强体、养颜的食疗功效。

图书在版编目（CIP）数据

完美宴客菜 / 吉科食尚编委会主编. -- 长春：吉
林科学技术出版社，2015.2
ISBN 978-7-5384-8777-0

Ⅰ. ①完… Ⅱ. ①吉… Ⅲ. ①菜谱 Ⅳ.
①TS972.12

中国版本图书馆CIP数据核字(2014)第302174号

完美宴客菜  Wanmei Yankecai

主　　编	吉科食尚编委会
出 版 人	李 梁
策划责任编辑	张恩来
执行责任编辑	赵 渤
封面设计	长春创意广告图文制作有限责任公司
制　　版	长春创意广告图文制作有限责任公司
开　　本	720mm×1000mm　1/16
字　　数	250千字
印　　张	14
印　　数	1-8 000册
版　　次	2015年5月第1版
印　　次	2015年5月第1次印刷
出　　版	吉林科学技术出版社
发　　行	吉林科学技术出版社
地　　址	长春市人民大街4646号
邮　　编	130021

发行部电话/传真　0431-85677817　85635177　85651759
　　　　　　　　　　85651628　85600611　85670016

储运部电话　0431-86059116

编辑部电话　0431-85635186

网　　址　www.jlstp.net

印　　刷　辽宁泰阳广告彩色印刷有限公司

书　　号　ISBN 978-7-5384-8777-0

定　　价　29.90元

如有印装质量问题可寄出版社调换